我也可以
不内耗

THE UNWANTED THOUGHTS
AND INTENSE EMOTIONS
WORKBOOK:
CBT AND DBT SKILLS
TO BREAK THE CYCLE
OF INTRUSIVE THOUGHTS
AND EMOTIONAL OVERWHELM

〔美〕乔恩·赫什菲尔德
（Jon Hershfield）

〔美〕布莱斯·阿吉雷
（Blaise Aguirre）

著

殷锦绣 译

化学工业出版社
·北京·

The Unwanted Thoughts and Intense Emotions Workbook: CBT and DBT Skills to Break the Cycle of Intrusive Thoughts and Emotional Overwhelm by Jon Hershfield, MFT and Blaise Aguirre, MD
ISBN 9781648480553

图书在版编目（CIP）数据

我也可以不内耗 / （美）乔恩·赫什菲尔德
（Jon Hershfield），（美）布莱斯·阿吉雷
（Blaise Aguirre）著 ；殷锦绣译. -- 北京 ：化学工业
出版社，2025. 8 -- ISBN 978-7-122-48150-4

Ⅰ．B842. 6-49

中国国家版本馆CIP数据核字第2025RG7306号

责任编辑：王 越 赵玉欣
责任校对：刘曦阳 装帧设计：尹琳琳

出版发行：化学工业出版社（北京市东城区青年湖南街13号 邮政编码100011）
印 装：中煤（北京）印务有限公司
880mm×1230mm 1/32 印张6¼ 字数131千字
2025年10月北京第1版第1次印刷

购书咨询：010-64518888 售后服务：010-64518899
网 址：http ://www.cip.com.cn
凡购买本书，如有缺损质量问题，本社销售中心负责调换。

定 价：59. 80元 版权所有 违者必究

推荐序

这个话题对我来说非常亲切。近30年来，我一直在与患有强迫症（obsessive-compulsive disorder, OCD）和被强烈情绪困扰着的人工作，目睹了这些问题带来的巨大挑战。本书的作者勇敢地直面这个问题，致力于帮助那些在情绪上不堪重负、和侵入性想法作斗争的人。

就专业背景而言，我在心理学和强迫症方面的大部分培训经验都是通过与强迫症患者一起工作获得的，他们曾经求助于传统门诊治疗但失败了，所以转而寻求更密集的治疗（如住院治疗），我参与过一千多位患者的治疗；我还是麦克莱恩医院（McLean Hospital）心理学培训的联合主任、以认知行为疗法（cognitive behavioral therapy, CBT）为重点的日间住院项目的主任。我正是通过这两个不同的角色，认识了本书作者乔恩（Jon）和布莱斯（Blaise）（我在强迫症相关工作中认识了乔恩，在麦克莱恩医院工作时认识了布莱斯），我也很荣幸曾与他们两人一起在会议上演讲。两位不同专业领域的杰出治疗师——乔恩作为强迫症治疗师，而布莱斯作为辩证行为疗法（dialectical behavior therapy, DBT）治疗师——一起写这样一本书，这种情况并不多见，而他们共同写过20多本！一起工作时，他们既有趣又"有毒"，是典型的"欢喜冤家"！他们都深深关心着他们的患者，有着出色的幽默感，和他们的患者通力合作；这种富有同理心、关怀和趣味的基调贯穿全书。现在，他们各自在处理强迫症方面的独特技能和DBT治疗经验，通过这本工作手册结合在了一起。

在我看来，最具挑战性的问题之一就是真诚地、全然地投入治疗。事实上，我们确实拥有非常有效的强迫症治疗方法，也有帮助人们管理使其不堪重负的情绪的有效办法，但问题是：如何真正让人们投入其中，完成所需的具有挑战性的工作？

我想起一位年轻的患者，就叫她艾米（Amy）吧，她不久前加入我的项目。艾米患有严重的强迫症，并被痛苦的情绪完全压垮了。她的家人带她来找我，但她不想接受治疗。许多治疗师告诉艾米，她的强迫症太严重了，她的情绪挑战也太难应对了，他们治不了。出于某种原因，在我们第一次会面后，她同意接受治疗并留在我当时负责的住院项目。她表现得很好，两个月内就控制住了强迫症并准备出院。事实上，如今她自己已成为一名治疗师，我们已经一起就她的治疗历程进行了几次演讲。我一直不太清楚，为什么她在第一次会面后决定做这项艰难的工作并真正投入治疗。直到在多年后的一次演讲中，她透露了她一直记得的那种感觉，就是有人能**以她理解的方式和她谈论她的困扰**时的感觉，这让她第一次真的感到自己可能会好转。真正认可她当时的处境，认识到她的情绪困扰，并向她介绍可用的有效治疗方法，这些行为给了她足够的希望去投入治疗。这本工作手册真诚和深入地为你提供了框架，让你真正理解那些扰人心烦的想法、困扰你的情绪，并开始艰难地克服、管理它们，就像艾米那样。我多希望艾米和我在很久以前就能接触到这样的书——我觉得这会让我们的工作变得容易得多。

并不是所有人都像艾米那样，对治疗有如此坚定的积极反应，许多人不得不改变方向，先处理情绪挑战，然后再处理强迫症和相关挑战，或者相反。这本书提供了一个可靠的方式来导航这个旅程，强调了你可以用许多方式同时处理这些复杂的症状。

这本书易于理解，清晰明确。乔恩和布莱斯给出了大量的例子，创设了精彩的情境，展示人们如何使用他们在本书中介绍的技能，以及如何把他们的工作迁移运用到**你**身上。基于我的临床经验，我可以证明，他们循证选择了最有效的治疗方法。

这本书分为三个部分：第一部分提供知识教育，来奠定基础；第二部分提供例子，并详细说明应对挑战的方法；第三部分提供了导航图，让你可以独立开始具有挑战性的工作。

这样的工作手册在教授如何开展实践方面非常有效。我20多年前创立了一个强迫症住院治疗项目，那时候，我们通常会给每位与我们一起工作的咨询师一本工作手册。我们发现，这是教导人们了解强迫症治疗的一种特别有效的方式。我们还给每个参加我们项目的患者一本工作手册，以帮助他们了解并提升治疗效果。对我来说，这本书现在位居给员工和患者的书籍清单之首，因为它提供了应对强迫症和处理情绪困扰的可靠资源。

我非常享受阅读和利用这本书——希望你也会如此。我得说，这对"奇葩"搭档，乔恩和布莱斯，凭借他们强大的技能组合和专业知识，在这本书里创造了不寻常的东西。

Thröstur Björgvinsson 博士

美国职业心理学委员会认证心理学专家

麦克莱恩医院行为健康日间住院项目主任

哈佛医学院精神病学系副教授

作者寄语

　　我在整个职业生涯中几乎都在专门与强迫症患者一起工作，并因此成为强迫症专家。像许多硕士学历的临床医生一样，我从研究生院毕业后直接成为治疗师，错过了博士学历的临床医生经常经历过的那种正式培训项目。为了弥补这一点，我尽可能多地阅读有关强迫症的内容，并从教育会议中吸收尽可能多的信息。我仔细聆听导师们的意见，并从我自己对这种障碍的经历中得出一个简单的结论：**认知行为疗法（CBT）和暴露反应预防（exposure and response prevention, ERP）是治疗强迫症和类似障碍最有效的方法。**

　　但是要说谁教会了我更多关于强迫症的知识，那必定是我的患者们。他们勇敢地面对着似乎要压垮自己的想法，我从他们那里学习时，注意到有些人比其他人更难康复。他们并非不理解这些概念，甚至也能实施它们，只是康复过程本身似乎就是症状的触发因素。每当取得一点进展时，像墙壁一样坚固的羞耻感或某种别的强烈情绪就会像海啸一样淹没整个房间。它会推开治疗，坚持认为这个人不应该快乐、平静、被爱，在某些情况下，甚至不应该活着！这种海啸有时会有一个名字，比如"边缘型人格障碍"（BPD），但它经常并未达到《精神疾病诊断与统计手册》的标准。我越来越沮丧，因为仅仅是正念或简单地接纳不想要的想法和情绪，并不足以让我的患者有意义地投入治疗工作。

　　作为巴尔的摩市（Baltimore）谢泼德·普拉特强迫症和焦虑中心（Center for OCD and Anxiety at Sheppard Pratt）的主任，我注意到，许多寻求住院服务的强迫症患者也在努力调节情绪。他们有自己也不想要的想法，这些想法不仅带来焦虑或厌恶，有时还带来绝望、无助、愤怒和自我憎恶。我见证了这些来寻求这种高水平治疗的患者是多么勇敢但疲惫，同时我的假设也得到了证实。人们不是他们所得诊断结果的总和。几乎所有人都很难在他们的想法和情绪、恐惧和痛苦之间形成一种稳定而有爱的关系。我希望这本书能帮助疗愈这种关系。

乔恩

我去上医学院是为了成为一名精神科医生，在这个过程中，我发现自己会被那些表现出最复杂病情的人所吸引，比如边缘型人格障碍（BPD）。对我来说，BPD患者有点像谜：一方面，他们是我见过的最富有才华和最具洞察力的人；另一方面，他们似乎比我的其他患者承受了更多的痛苦，有时到了认为自杀是唯一出路的地步。

在我接受的训练中，大家都告诉我BPD是一种几乎无法治疗的障碍，那时大多数治疗用的都是传统的谈话疗法。我接受过这些疗法的培训；然而，尽管我的患者似乎通过它们感到被理解了，但他们并没有从中获得太多好处，至少在我这里没有。直到2000年，我来到马萨诸塞州贝尔蒙特（Belmont, Massachusetts）的麦克莱恩医院时，我才第一次听说一种叫作辩证行为疗法（DBT）的治疗方法，它结合了我非常熟悉的谈话疗法和我知之甚少的行为疗法——一种包含练习正念的方法，而我对正念知道得更少。

我于2007年正式接受DBT培训，此后就一发不可收。同年，我与同事一起在麦克莱恩医院开设了3East治疗中心。3East的独特之处在于，它专门使用DBT来治疗那些难以调节情绪的少年和青年。虽然这种治疗不是灵丹妙药，但我一次又一次地看到，许多年轻患者和他们的家人终于找到了摆脱痛苦的方法。正是他们的进步让我更加确信，这种新方法真的有效。自从3East开业以来，我们已经治疗了将近四千名有高风险行为的、情况复杂的年轻人。直至今天，我还经常收到他们家庭发来的毕业典礼、订婚仪式、婚礼、洗礼邀请。

尽管我们取得了一些成功，但我并没有完全满意。我们确实正在帮助很多人，但还有很多人仍在挣扎。我们发现，并发的创伤后应激障碍（PTSD）、进食障碍、物质使用障碍和强迫症会妨碍或延缓康复的进程。

我希望这本书能给你提供一些点子——有些可能是旧的，也有些是新的——来解决这些复杂问题，希望读者能通过定期练习书中提供的技能，在努力且明智地朝康复迈进的旅程中，找到摆脱困境的方法。

布莱斯

在强迫症治疗界，我们非常清楚地知道一件事：暴露是有用的。当暴露于让我们感到不确定的事物，但不做出强迫行为时，大脑就不得不重新考虑我们到底能否容忍这个事物了。理性的人可以就暴露疗法的风格和策略展开辩论，但这都是围绕"如何实现"进行的，而不是关于"目标何在"。问题在于，当我们身处其中时，往往不清楚自己应该做什么。我们知道不该做什么（也就是任何可能起到回避或压抑暴露作用的事情），但当我们处于对恐惧的暴露中时，大多数人对该做什么的回答往往只是相当于"好吧，忍着吧"。

如果你曾经接受过暴露疗法，那你可能被告知过，要与你的不适感"坐在一起"。对有些人来说，这就是等待不愉快的想法和情绪自行消散，仅此而已。但对有些人来说，与某些想法和感受坐在一起的体验，会引发大脑中难以控制的变化。恐惧、创伤、自我厌恶、愤怒、自杀想法（有时甚至是行为）以及整体精神混乱都会出现。这些感受是对触发性想法的条件反射的一部分，要应对它们，就需要可靠并且易得的工具。指示不应仅仅是简单地忍受它，因为忍受的对象是会改变的。**对于那些饱受痛苦情绪折磨的人来说，暴露疗法所期望的学习根本无法发生。**大脑忙于心理自焚、自我摧残的新工程，而无法学到任何有价值的东西。这时候，人们从体验中得到的启示不是"我做了一件艰难的事，并且挺过来了"，而是"我做了一件愚蠢的事，因为我是个失败者"。

在DBT治疗界，我们还非常清楚地知道一件事：情绪调节策略是有用的。"情绪调节"这个术语常被用来描述有效管理和回应情绪体验的能力。我们大多数人都能使用情绪调节策略来应对每天的困难时刻，以有效处理我们所处情况的需求。但是这里有一点需要注意：在这些策略中，有些策略是健康和适应性的，有些则不是。例如，心烦意乱时去散步不会对我们造成伤害，散步可以帮助我们专注于其他事物，让时间来帮助缓解情况。然而，有些情绪调节策略虽然有效，但也有害，它们是非适应性的。不恰当地用药和自我伤害等行为在短期内可能有效，但最终会导致更强烈的情绪和痛苦。

问题是，这些短期的非适应性解决方案起效很快，所以有些人觉得不值得冒险尝试用其他不管用（或者至少没那么管用）的方法替代它们。你可能会发现，对你已经非常熟悉的那些你不想要的强烈情绪来说，你的非适应性策略效果很好，而做一些不同的事情（比如学习新的情绪调节应对策略）似乎需要花很多精力。确实如此。发展情绪调节技能，需要你能够在情绪中停留足够长的时间，来学到它是可以承受的，然后学习如何更适应性地处理它。与强烈的情绪坐在一起可能导致羞耻、内疚、自我厌恶、持续的痛苦，还可能在非常极端的情况下导致自我伤害的冲动和自杀想法。大脑运转的一个基本原则是，**处于痛苦中的大脑没法轻易学习新东西**，比如新的应对技能。一个人必须先调节自己，然后才能反思。你必须真正清楚地看到你在处理的是什么，才能确定如何有效地处理它。

那么，当一个人同时被无法摆脱的想法和无法承受的情绪所困扰时，该怎么办呢？已经有大量的自助资源可以用来处理扰人心烦的想

法 ❶（以及强迫症等最普遍的心理障碍），也有一些书籍可以用来处理困难的情绪（以及BPD等），但我们希望这本书能成为这两个世界之间的一座重要桥梁。专注于面对恐惧和焦虑，会让许多人感到不知所措、不堪重负。专注于平静下来，则会让许多人感到软弱、困在恐惧中。这本书旨在帮助你驾驭那些让你陷入困境的、特别棘手的想法，以及让你陷入负面故事的、特别痛苦的情绪。

这本书的核心在于，我们对想法的情绪反应和我们对情绪的思维反应都来源于"条件"（conditions）。换句话说，我们学会了这些条件：**当我们有一个想法时，它会让我们有一种情绪感受；而当我们有一种情绪感受时，它会让我们想到一些事情**。然后，我们反复不断这样行事，让它们一直联系在一起，随着时间推移，它们的联系就变得根深蒂固。比如，当你想到生病，你可能会感到恐惧，然后你可能会避免让你想到生病的事情，而"生病＝恐惧"的条件反射就会持续下去；如果你感到羞耻并且想"我是个坏人"，然后严厉地批评自己，那么同样，这种情绪与想法的条件反射也会持续下去。但是，如果我们能改变我们的行为，学会以不同的方式重组这些想法-情绪和情绪-想法的配对，我们就能从重复的、相同的模式中解放出来。ERP和DBT就是我们邀请你在本书中探索的两种行为策略。

在第一部分，我们简要说明了本书的主要目标对象：想法和情绪。它们到底是什么？为什么我们要如此认真地对待它们？它们如何导致行

---

❶ unwanted thoughts 为本书原著的核心主题词，多译为"扰人心烦的想法""扰你心烦的想法"，根据上下文语境，为便于读者理解，亦有保留直译"不想要的想法"之处，也有少数几处译为"多余的想法""不受欢迎的想法"等。——译者

为，这些行为又如何影响其他想法和情绪？我们还解释了ERP和DBT的核心原则，以及为什么我们认为它们并不相互对立，而是相辅相成的。

在第二部分，我们关注一些人在试图同时驾驭扰人心烦的想法和激烈情绪时常面临的挑战。比如，在平静下来和强迫性地逃避痛苦感受之间，我们应该在哪里划定界限？面对让我们害怕的事物，什么时候暴露会变得只是让我们不知所措而没有益处？我们如何处理在试图应对扰人心烦的想法时可能出现的复杂情绪，比如羞耻和愤怒？我们如何分辨，我们是在自我关怀还是在逃避为行为负责？在处理扰人心烦的想法和激烈情绪过程中的这些棘手之处和其他相关问题，我们都会进行探讨。我们还会要求你仔细琢磨这些类型的挑战，并思考当它们出现时你会使用什么技能。

本书第三部分提供了一系列"选择你自己的冒险"风格模板，这代表人们与扰人心烦的想法和困难情绪作斗争的常见方式。我们还设计了一种模板，让你在定制个性化治疗方法时，可以确定哪些CBT和DBT工具会对你有益。

目录

第一部分
处理扰人心烦的
想法和激烈情绪

本书接下来的几章可能看起来显得很复杂，但实际上相对简单：想法、情绪以及两种可以帮助你有效应对它们的治疗策略。我们会在本书中的多个地方鼓励你写下一些东西，或通过填写工作表来完成练习。这些设计是为了帮助你掌握一些概念，但写不写完全是自愿的。

如果你来看这本书，只是因为难以应对那些你不想要的想法，我们仍然建议你阅读有关情绪及其处理方法的章节。同样地，如果你来看书主要是因为难以忍受激烈的情绪，我们也仍然建议你阅读有关想法及其应对方法的部分。你可能已经得出了与我们写这本书时所持的相同的结论：想法和情绪是相互关联的，所以它们的应对方法也应该是相互关联的。让我们来看看吧！

第1章　理解扰人心烦的想法

在考虑多余的、扰人心烦的想法究竟是什么时，我们常常忘记一个简单的概念：它们是正常现象——大脑本就会产生多余的、扰人心烦的想法。但某些想法开始与特定的情绪感受形成条件反射时，问题就出现了。换句话说，大脑形成了即便时间推移仍然有意义的关联。如果一种情绪看起来有用（比如恐惧导致避开某些危险），只要有线索提示大脑又需要保护你了，它就会反复出现。"汽车"这个词可能不会激起你任何特别的情绪，但如果你最近经历了一场车祸，情况可能就不同了——它可能会唤起你处于危险中的记忆和恐惧感，而回忆起这些，可能会让你感觉自己此刻正处于危险之中，尽管你现在只是在读这本书。让我们做个练习，来演示想法和情绪是如何通过条件反射被捆绑在一起的。

花点时间回忆一下，上次有人赞美你或送你礼物的情景，然后写下来：

_____

回想这个情景，你现在感觉如何？

_____

很有趣，不是吗？你刚才并没有再次收到礼物，但从某种程度上来说，你可能感觉就像收到了礼物一样。

现在，想想上次你犯了错误并被别人注意到的情景。把自己犯错并被别人批评的回忆调取出来，然后写下来：

_____

怎么样？你感觉如何？

_____

这很有意思，对吧？想法会根据我们的经历形成条件反射，从而在脑海中唤起情绪感受。这是避免不了的。我们想到令人愉快的事情时，就会感觉良好；想到令人不愉快的事情时，就会感觉糟糕。想法本身就像纸上的文字一样空洞（我们稍后会讨论），但它们可以带来如此强烈的情绪体验，以至于想法好像会对我们有很大的影响。我们对这些情绪的行为反应（通常是试图让不愉快的情绪消失，并让愉快的情绪留下来）会带来新的体验，而这些体验又会带来新的想法，以及新的条件反射的情绪。这可能会让人眼花缭乱——想法导致情绪，情绪又导致更多的想法和情绪！这就是你拿起这本工作手册的原因，你可以学到一种多层次的方法，来应对这种令人懊恼的双重体验。

什么是想法？

试试看你能不能定义"想法"，但不使用"想"这个字，也不用"认知"这种花哨的词来代替。这非常困难。你可能会将想法描述为"你对自己说的话"，这是个不错的定义，但它没能涵盖那些让人感觉陌生的想法，或那些并非典型自我对话形式的想法。

讽刺的是，想法几乎指引着我们所做的一切，但我们甚至不知道它是什么。我们能"想到"的最接近的定义是"意识的对象"（object of consciousness），它适用于我们注意到的一切。我们知道，这听起来可能不太令人满意，但它确实解释了很多。想法在某种意义上是一种对象，它可以被你观察到，而你观察它的地方是在你的意识之中。在你读完这个句子之前，你就会猜到它的结尾要说什么。如果我们现在让你想象一只猫，那么一只猫的形象就会出现在你的意识中，你知道你正在体验它。对大多数人来说，这种体验是中性的，但其他想法可能会像卫星一样围绕着这个形象，说一些诸如"我喜欢猫"或"我不喜欢猫"之类的话。根据你对这些评判性想法的条件反射，接下来可能会出现情绪或身体反应。

有些想法会触发如此深刻的情绪反应，以至于我们认为它们本身就是有害的。想象一下，在电视上看恐怖电影，然后把它造成的痛苦归咎于电视机！电影只是光和声音，但我们的条件反射使得某些光和声音让我们感到威胁、愤怒或悲伤。不同种类的想法可能以不同的方式出现，以至于我们几乎不可能对它们保持客观。有个方法可能有助于理解，就是认识到两种想法之间的区别：一种是那些像垃圾邮件一样侵入的想法（正常但不受欢迎），另一种是那些对你有意义的想法（即便它们可能并没有益处）。

○ 自我失谐的想法

当你现在看到这些文字时，你是从一个"自我"（self）（关于你是谁的故事）的角度出发来读的。你的个人叙事或者身份由无数部分组成，远远超越你的名字本身。你的道德信仰，你的文化背景，你对过去行为的记忆和对未来行为的幻想，所有这些交织在一起，形成了一个"你"，这有时也被称为"自我"（ego）。

自我失谐的想法（ego-dystonic thoughts）是指那些与你理解的自我不一致的想法。换句话说，这种想法在你的脑海中显得很奇怪。这可能是因为想法本身与你的信念不一致（比如对你永远不想伤害的人产生了暴力想法），或者与你认为合理的事物不一致（比如认为你会因为头发碰到脏东西而生病），或者与你的记忆不一致（比如想法暗示你没有关掉炉子，而你记得确实关了）。这些想法真的不属于你的头脑，而这种感觉就是触发扰人心烦的情绪的部分信号！

花点时间考虑一下那些引发你不安感的自我失谐的想法，并在这里写下其中几个吧。稍后当我们探索治疗策略时，你可以使用这些想法作为例子。

_____

_____

_____

○ 自我协调的想法

与自我失谐的想法相反，自我协调的想法（ego-syntonic thoughts）是那些对你有意义、符合你世界观的想法。就内容而言，它们的范围与自我失谐的想法相同。当你知道炉子实际上开着时，认为炉子开着就是一种自我协调的想法。令人不安的想法也可能是自我协调的，比如，如果你真的想让某人感到痛苦的话，关于伤害某人的想法就是自我协调的。即使是奇怪的想法，比如"有人通过我的咖啡杯监视我"，如果怀有这个想法的人确实处于能使他确信这一点的状况之中，那也是自我协调的。

被称为"强迫"（obsessions）（OCD的特征）的想法通常是自我失谐的。思考者不喜欢这些想法，它们似乎也与思考者对世界运作方式的普遍理解不一致。有强迫症和相关障碍的患者做出强迫行为，就是在试图摆脱这些想法，就像它们是头脑的污染物一样。

更棘手的情况是，一个想法在一天中时而失谐，时而协调，或同时既失谐又协调。例如，一个人可能会因为侵入性的自残想法而感到不安，并且迫切希望确定自己绝不会实施这些自我失谐的想法。但同一个人可能会因这些想法持续不断、生动逼真，而感到情绪上不堪重负，以致同时真的希望通过自残来缓解痛苦。

一些自我协调的想法，可能带来与自我失谐的想法一样多，甚至更多的情绪痛苦。如果你感觉有人冤枉了你，违反了你的规则，或给你的生活带来了更多困难，你就可能会对他们产生怨恨的想法，即使他们是你关心和关心你的人。如果你为你的自我价值而挣扎，有"自己不够好""自己是个失败者"的想法，你就可能会在脑海中体验各种可怕的负面评论，并且那时你会完全相信这些想法！你在那一刻的感受，对你如何看待这些想法有着巨大的影响。考虑一下，在你因自己做了某件事而感到极度内疚时想到"我恨我自己"，与因为意外被纸划伤而产生同样的想法，这两者之间的区别。两种体验都可能会让人感到不堪重负，但前者可能会有更持久的刺痛感，并且伴随着更多的想法和情绪。

花点时间写下让你感到困扰的自我协调的想法吧。记住，它们出现时你会相信它们，它们在当时对你也是有意义的，但它们仍然会给你带来困扰，并导致你体验到困难的情绪。

_____

_____

_____

○ 小测验

　　看看这个清单，你能否区分自我协调和自我失谐的想法？

- 这杯咖啡里的甜味剂太多了。
- 如果我突然发疯，无缘无故攻击狗怎么办？
- 我应该伤害自己，因为这能分散我在内疚上的注意力。
- 我认为灰色袜子不适合配棕色鞋子。
- 我要无缘无故从这家商店偷点东西，即使我不想这么做！
- 那不是减速带；我刚才撞到了行人，不知怎的直到现在才意识到。
- 我对没考到更好的成绩感到失望。

　　如果你觉得这个测验有点令你困惑，很好！这表明你在认真思考。什么让一个想法成为自我协调的或是失谐的？这个问题的答案可能并没那么明确，因为根据具体情况，即使是最不讨喜的想法，也可能完全符合我们的感受；同样地，许多看似符合我们价值观的想法，也可能以"如果……怎么办？"的形式出现，并因而迷惑性地变得自我失谐。

与扰人心烦的想法相关的情况

你不需要有精神病学诊断，也能从这本关于如何处理不安想法和情绪的书中受益。然而，在几种情况下，人们难以摆脱扰人心烦的想法及其带来的情绪，以致真的会损害功能。正如我们稍后将探讨的那样，我们对想法产生的反应，在很大程度上影响着我们对它的感受，而我们对它的感受，反过来又影响着它再次出现时的表现方式。

下面是一些常见的精神病学诊断，它们通常涉及与扰人心烦的想法作斗争，这些想法会触发不愉快的感受，并导致无益的行为，可能会使你陷入困境。你可能被确诊为其中一种或者全部，又或者全都不相符。但观察每种情况如何遵循类似的模式，可能会有所帮助。**模式中有一个扰人心烦的想法、一个不愉快的情绪反应，以及一个或一系列原本旨在避免两者的无益行为**。我们将在接下来的章节中解释为什么回避无济于事。

○ 强迫症

强迫症（obsessive-compulsive disorder, OCD）的特点是有"强迫观念"（不受欢迎的侵入性想法、图像或冲动）和"强迫行为"（对强迫观念的心理或身体反应）。强迫的内容可以有无数种形式，但对那些患有强迫症的人来说，与污染、伤害、对称/精确性或禁忌/不可接受的想法有关的担忧更常见。强迫行为旨在减少与这些扰人心烦的想法相关的痛苦，通常是试图消除与这些想法相关的疑虑或不确定性。常见的例子包括过度的洗手或清洁、检查行为、整理或调整物品以使其对称，以及各种心理仪式。

虽然每个人都有扰人心烦的想法并会进行相应仪式，但强迫症患者会在试图让自己的想法和痛苦消失的过程中深陷循环，以至于损害了功能。

○ 广泛性焦虑症

与强迫症非常相似，广泛性焦虑症（generalized anxiety disorder, GAD）涉及扰人心烦的想法和无益的反应。然而，这里的想法往往更加贴近现实生活，集中在工作、财务、健康和人际关系上。对这些侵入性想法的无效反应可能包括回避、寻求保证，以及最主要的过度担忧、反刍思考。

○ 躯体变形障碍

躯体变形障碍（body dysmorphic disorder, BDD）涉及对自己外貌的侵入性想法。虽然我们大多数人可能都会对自己的身体有一些不喜欢的地方，但躯体变形障碍患者可能会非常强烈地关注自己外貌的某一方面，并认为它变得畸形、恶心或难看得令人羞耻。这可能与他人所看到的完全不同，或者严重夸大了轻微的差异。强迫行为可能包括回避、寻求保证、伪装、抠抓皮肤，在极端情况下，甚至会进行手术来改变触发这种感受的身体部位。

○ 社交焦虑障碍

社交焦虑障碍（social anxiety disorder, SAD）又称社交恐惧症，其典型的侵入性想法涉及他人对自己的负面评价。患有这种障碍的人过分关注他人如何看待自己，并因此在社交场合中变得痛苦、不堪重负。社交焦虑在亲密的一对一互动、小团体或大群体中都可能发生。常见的强迫行为包括回避社交场合、寻求保证、反刍思考（在头脑中重播对话）、心理排练（为社交互动过度准备）以及其他试图控制他人想法的行为。

○ 疾病焦虑障碍

疾病焦虑障碍（illness anxiety disorder, IAD）以前被称为疑病症，涉及对自己健康状况的侵入性想法。患有这种障碍的人可能会强烈担心自己患上某种特定疾病，或抽象地惧怕自己"有点问题"。常见的强迫行为包括过度上网查找资料和寻求保证，回避他们认为与生病相关的人和地方，以及各种心理仪式；频繁看医生、过度进行医学检查也很常见，尽管有些人也可能会因害怕收到坏消息而过度回避就医。

○ 伴广场恐怖症的惊恐障碍

惊恐发作（panic attacks）是一种生理现象，特点是高度焦虑、呼吸急促、胸部紧绷、头晕目眩，并伴随对死亡的恐惧。它们可能是对某些触发因素（比如感觉被困住）的反应，也可能是对某些药物的反应，或者可能在没有任何预警的情况下自发发生。广场恐怖症（agoraphobia）是一种对离开家门的恐惧。许多体验过惊恐发作的人会担心它再次发生，并会强迫性地回避可能发生这种情况的场合。例如，患有这种障碍的人可能会回避乘坐飞机，因为害怕在飞行过程中惊恐发作时无法离开。

○ 特定恐怖症

与强迫症非常相似，特定恐怖症（specific phobias）同样涉及侵入性想法，但这些想法只聚焦于单一的恐惧目标，比如狗、高处或呕吐。除了回避以外，这些侵入性想法还可能引发各种各样的强迫行为，比如寻求保证、迷信仪式和心理仪式。

○ 创伤后应激障碍

与强迫症不同，创伤后应激障碍（post-traumatic stress disorder，PTSD）涉及的侵入性想法是有关真实创伤事件的，并伴随着对这些事件可能再次发生的恐惧。除了其他几种症状（如噩梦和闪回）之外，PTSD患者可能会发展出各种看起来与强迫症中的强迫行为非常相似的仪式。此外，PTSD患者通常还会有大量的回避行为，回避可能触发创伤记忆的事物，有时这种回避会严重到损害功能，就像严重的强迫症一样。

○ 边缘型人格障碍

最初人们可能认为，人格障碍与上述的精神健康状况非常不同，但边缘型人格障碍（borderline personality disorder，BPD）的特征同样是难以应对自身不想要的想法及其引发的情绪。特别是，BPD患者常常在信任和关系、被拒绝或被抛弃、不值得被爱、被他人伤害或自我伤害方面的想法中挣扎。我们将在后面更仔细地研究情绪时，更深入地探讨这种情况，但我们想在这里先提一下，指出**人们虽然以各种不同的方式生活在这个世界上，却通常在应对想法和情绪时面临着非常相似的困难。**

虽然这些障碍都是不同的，但它们共同的特点是"推拉"式的矛盾心理，这种"推拉"可能会促使你拿起这本工作手册。当想法似乎带来了如此激烈的情绪，以至于任何理性的人都会想逃避时，我们很难将想法简单地视为"意识的对象"。现在，让我们来看看各种特别容易引发激烈情绪反应的想法吧。

四种触发性想法

本书所定义的触发性想法，可能是自我失谐的，也可能是自我协调的。在接下来的几页中，我们将会展示这一点如何影响了大多数治疗方法——无论是对这些想法的，还是对它们所带来的痛苦情绪的。除了想法的协调/失谐，我们还条件反射地对某些类型的想法感到特别痛苦。

○ 禁忌想法或不可接受的想法

禁忌想法（taboo thoughts）超出了你对文化规范的信念。一个人的禁忌想法可能是另一个人的普通想法，反之亦然。禁忌想法基本上是那些社会或文化告诉我们不好、不合适或应被禁止的想法。它们本质上并不是坏的（再次强调，想法只是心理的对象），但它们可能被视为坏的。有些人可以识别出他们的禁忌想法并对此轻描淡写，甚至享受它们，而其他人可能会在意识到相同的想法时感到极度内疚、羞愧或恐惧。

不可接受的想法（unacceptable thoughts）主题更广泛，涉及各种有害或不当的行为。对于那些患有强迫症的人来说，常见的强迫观念是其自身不想要（失谐）的有关性或暴力的想法。不可接受的想法还包括不被社会接受的想法，例如认为悲惨的死亡是有趣的——换句话说，如果把这些想法大声说出来，会受到他人的不赞同。那些有关于信仰的强迫观念的人，可能会因发现自己有违反信条的想法而感到很重的负担；同样地，那些在道德方面有强迫观念的人，可能会因为产生了与自身价值观相矛盾的想法而感到痛苦。

此外，有些人纠结于他们自认为不可接受的想法，尽管这些想法本身并没有什么不妥。比如，大家可能爱自己的伴侣、被他们吸引，但有时又会认为他们没有魅力。虽然通常很有吸引力的人在某些时候没那么有魅力是完全正常的，但对于那些坚信自己应该一直被伴侣吸引的人来说，这种思想会被贴上"不可接受"的标签，并给他们带来痛苦。

这种类型的想法经常引发深重的内疚（感觉自己好像做错了什么）或羞愧（感觉自己好像是天生的坏人或道德败坏的人）。这些情绪可能极为强烈，并导致抑郁和绝望，还可能会升级为自我憎恨、与世隔绝的冲动，甚至自我伤害。必须反复强调的是，**这些"不可接受"的想法实际上非常常见，并且老实说，作为想法，它们是完全可以被接受的**。你可能条件反射般地认为，仅仅在脑海中听到描述某种可怕行为的词语、某种让你反感的病态或扭曲行为，本身就是一种坏行为[这有时被称为"思想-行为融合"（thought-action fusion）]；但想法不是行为，就像一张三明治的图片不能成为一顿令人餍足的午餐一样。

花点时间，写下你的任何属于这种类型的想法吧。如果你不愿意写在纸上，可以用手机或电脑打出来然后删除它，或者写在单独的纸上然后撕掉。给大家一个小小的鼓励：写下你的想法，是以更正念的方式看待这些想法并观察它们真实本质的第一步。它们仅仅是你脑海中的词语而已。

例如：伤害我爱的人。

_____

_____

_____

当你写下/打下这些禁忌想法或不可接受的想法时，你出现了哪些情绪？

_____

_____

_____

○ 灾难性想法

灾难性想法是有关未来的负面思想，主题通常涉及未来的灾难、失败或痛苦，还倾向于想象身处其中的无能为力。你可能有过这样的经历：在刚要睡着时，突然意识到某个潜在的、可怕的未来事件，以至于你的整个身体猛然惊醒。这类想法在广泛性焦虑症患者中尤其常见，可能表现为对失去工作或家庭的担忧。那些有关于健康的强迫观念的人，可能会被无休止的、关于罹患绝症的想法所困扰；那些有特定恐怖症的人，可能会在想法中体验到他们的恐惧成真，因此感到不堪重负、被社会排斥或受到永久性伤害；如果你患有边缘型人格障碍，你可能会有被憎恨、被拒绝或以某种方式被惩罚的想法。

当我们沉浸在灾难性思考中时，我们都会犯一个有趣的错误：我们把现在的自己（就是正在产生灾难性想法的人）想象成未来的自己（那个实际上不得不应对灾难的人）。实际上，我们一直在改变、学习和进化，因此我们无法知道自己未来会如何应对事件。正是这种不确定性会嘲弄并折磨易受影响的人（想象一下，如果你简单地假设自己无所不能，可以应对任何事情，那将会多么美好）。

我们在当下体验想法，但灾难性想法是关于未来的故事，可以让你感觉未来正在发生。想象一下，你回到家时发现房子正被大火吞噬——你可能会立即开始思考，从个人和经济损失中恢复过来有多难，并感受到一系列复杂的强烈情绪。现在，想象你正在工作，只是有一个关于房子着火的想法。因为人很容易被想法带跑，你可能体验过类似的反应：突然全身紧绷，感觉需要以某种方式为某个可怕的事情做好准备，好像它真的在发生一样。灾难性想法可以产生严重的焦虑、强烈的担忧，以及寻求保证和回避的冲动；它们还可能让你心情变糟，因为你会开始感觉到，如果灾难成真，未来的自己将会感觉到的那些感觉。

花点时间写下你体验到的一些灾难性想法：

例如：我乘坐的飞机会坠毁。

_____

_____

_____

当这些想法浮现在脑海中时，它们让你有什么感觉？

_____

_____

_____

○ 自责和自我批评的想法

以"我很糟糕""我早该知道的"或"这都是我的错"形式出现的侵入性想法，可能是自我失谐的，也可能是自我协调的。在我们讨论的所有病症中，负面的自我观念都非常普遍。我们会发现自己陷入了一个困境，因为我们希望有愉快的想法和感受，但实际上我们有各种各样的想法和感受，我们无法完全掌控这一点，所以我们有时会认为自己失败了。如果你已经习惯于把一切都归咎于自己，并且经常批评自己的话，这一点对你来说可能没那么容易理解，但实际上，自责和自我批评的想法，都源于我们混淆了哪些是我们能掌控的，哪些是无法掌控的。当你犯了错或伤害了某人的感情时，自责似乎是完全合理的，但这其实只是条件反射的产物，它并非基于对"我们如何做出令自己后悔之事"的客观认识。

简单地说，我们所有的选择，包括没有起作用的或看起来与我们的价值观不一致的那些选择，都基于做选择之前的想法和感受。

想出任何一首歌的名字，并写下来：

_____

选得好！虽然不如艾尔顿·约翰（Elton John）的《火箭人》（Rocket Man）好，但还是值得尊重。无论你刚才选择了哪首歌，你都体验了选择它的过程，对吧？现在仔细考虑下一个问题：为什么你没有选择另一首歌？花点时间反思并写下你的答案：

_____

_____

_____

你可能对此有一个看似合理的答案，但实际上，"另一个"歌名在你想歌名时根本没有出现。换句话说，想法选择了你，而不是你选择了想法。我们开玩笑提到《火箭人》，因为这是乔恩在写这段文字时脑海中冒出来的歌名。本来也可能是《小舞者》（*Tiny Dancer*），但事实并非如此。当我们批评和惩罚自己时，我们会说"我本该选择不同的体验"，但实际上，这是不可能的。我们本应可以自主选择我们的思想和情感，但我们根本做不到这一点。**选择以自然关注的形式出现在"当下"，而不是五分钟之前或五分钟之后。**通过培养帮助我们更好地关注当下的技能，我们能给自己一个更好的机会来做出明智的选择。

一个人容易自责和自我批评，可能是由许多原因导致的。患有强迫症的人可能会体验一种不想要的侵入性想法，认为发生某件坏事是他们的错，哪怕实际上不是（比如认为在新闻报道上看到的交通事故是他们的错）；患有躯体变形障碍的人可能对镜子里的自己感到极度不满，因此自然会对自己的外貌做出负面评论；让人感到不舒服的社交互动可能会导致自我批评的想法，比如认为自己说错了话，或假设其他人在想什么；边缘型人格障碍和创伤后应激障碍这样的情况，可能会驱使患者依靠自我批评来感到安全。

我们想象，自责和自我批评会带来更好的行为和结果，但没有理由证明这是事实。证据并不支持"惩罚是一种特别有效的强化手段"这一观点；相反，惩罚教会我们通过变得狡猾来避免惩罚，而不是做出更明智的选择。自责和自我批评的想法可以引发内疚、羞愧、厌恶、焦虑和愤怒等情绪，它们会让我们陷入纠结，让我们觉得必须避开我们所爱的人和事物。最重要的是，自我批评会创造一个反馈回路：你对自己有一个刻薄的想法—你感觉不好—你对自己有一个刻薄的想法……如此循环往复。相反，自我关怀（self-compassion）会引出一个基本问题：在这一刻，什么才是有帮助的？但学习如何用自我关怀来回应这些类型的想法，也需要努力和技巧。我们会尽力在你阅读本书的过程中给你一些提示。

当你有自我批评的想法时，你脑海中的声音是什么样的？也许会像这样："我是个失败者，我总是让人感到不舒服。"写下几个例子吧：

当你进行自我批评时，会产生什么感受？

_____

_____

○ 评判性想法

我们刚才讨论了针对自己的不友善想法，但针对外部的批评和责备想法也可能非常令人不安。这些想法反映出，当事情没有像你希望的那样发展时，你难以接受，于是你想象其他人或组织（或整个宇宙！）是罪魁祸首。可能确实是这样的。对你最不喜欢的公众人物评头论足，或对那个让你心碎的恋人满腔愤怒，这都太正常了。大多数评判性想法会随着新信息的出现而改变，比如你可能评判某人开车太慢了，直到你看到他因轮胎漏气而靠边停车；在不公正得到解决时，或随着时间的推移，事情显得不再那么重要时，愤怒也通常烟消云散。有时，人们难以放下评判性想法和愤怒的想法，所以这些想法会继续侵入他们的生活并无限期地困扰他们，直到损害他们的功能。

患有强迫症的人一直在小心翼翼地避免受到"污染"，如果有人不小心污染了他们的空间，他们就会产生愤怒的想法。那些有禁忌强迫观念的人，如果遇见向他们展示电影的朋友，而电影中恰好有触发性的场景，他们也会产生愤怒的想法。患有惊恐障碍和广场恐怖症的人，可能会对坚持带他们参加音乐会的亲人产生愤怒的想法；好不容易找到一个宁静、愉快或安全的心理空间后，如果某人说错了话导致他们从中脱离，他们也可能会感到愤怒。

评判性想法通常会带来强烈的愤怒和焦虑。感觉像遇到了一个紧急问题，得让被评判的目标停止做这些让你心烦意乱的事情。它也可能引发强烈的羞愧和自我厌恶："为什么我这么爱评判？"你可能正在做自己的事情，然后，砰！一个关于某人愚蠢、自私或无能的想法突然像一吨砖头一样击中了你。他们怎么敢存活在这个世界上，你又是怎么敢让这些想法出现在这个世界上的！当对他人的愤怒让我们感到兴奋时，很多人都难以冷静下来，而在我们冷静下来之前，我们通常会想出和做出使现状更糟的事情。当然，这也可能导致我们上面讨论的所有类型的（不可接受的、灾难性的、自我批评的……）想法涌现出来。

哪些评判性想法容易困扰你？

例如：我讨厌我的治疗师，因为他自私地没有花更多时间陪我。

_____

_____

_____

这些想法通常让你感觉如何？

_____

_____

_____

小结

在本章，我们探讨了想法的本质以及不同类型的想法如何影响处于各种心理健康状况的人。我们区分了自我失谐的想法和自我协调的想法，前者是多余的、侵入性的、让人困惑的，后者也可能是多余的、侵入性的，但在产生这个想法的人看来是合理的。最后，我们关注了人们通常认为无情、固执、特别难以应对的想法类型，以及它们经常引发的情绪类型。这些想法包括不可接受的想法或禁忌想法、灾难性想法、自责和自我批评的想法以及对他人的评判性想法。

在下一章，我们将探讨情绪的世界以及人们理解情绪的不同方式。

我也可以不内耗

第2章 理解难以调节的情绪

情绪和情绪调节方面的障碍与几种精神疾病有关，包括焦虑障碍、人格障碍、双相障碍、重性抑郁、季节性情感障碍、间歇性暴发性障碍、物质滥用等。此外，行为障碍和相关情况，如注意缺陷多动障碍，也可能包含情绪方面的症状。在本章中，我们将特别关注边缘型人格障碍（以下简称BPD）并描述其情况，因为在所有的精神疾病中，它在情绪体验和情绪控制方面表现得最为困难。

在本章中，我们需要考虑到一点：每个人都或多或少有一些书里写到的特质，只是程度不同。可以想象一个混音器，它混合了所有不同音量、不同音质的声音，我们都有一个内部均衡器，就像混音师的调音台。你可能在其中一个特质上表现得非常明显，而另一个特质非常模糊。我们用BPD作为主要示例，来说明一系列与情绪失调高度相关的特质。你完全不需要患有这种病，也能轻松理解其许多症状。

什么是情绪？

说你感到"情绪化"（emotional）是一回事，而要清楚你实际感受到的情绪是什么、它对你的影响是怎样的，以及如何应对它，就是另一回事了。通常，当人们来到治疗室寻求帮助以处理激烈的情绪时，我们希望他们清楚这些情绪是什么，以及这些情绪对他们的影响是什么。当被问及时，他们通常会说一些像"我不知道，我快崩溃了""太难受了"或

"快气死了"之类的话。他们知道自己不喜欢身处这种状态中的感觉，但我们希望他们感觉得更精确，因为只有精确了，解决方法才能起效。因此，**作为治疗师，我们坚持想知道："我明白你感到崩溃，但你现在的感觉具体是哪种情绪呢？"**

我们最常听到的回答之一是："等等，什么？我怎么知道？这我怎么搞得清楚？"

我们会让他们关注自己的体验，即便这样，仍然有些吓人和抽象，尤其是当我们要求他们密切关注那些痛苦、令人厌恶的体验时。如果你接受过心理治疗，你是不是也曾抱着这样的想法："我希望治疗能让这些感受消失。"然而，**把注意力放在自己的感受上之前，你得先知道"感受"是什么，以及如何描述它。**

○ 初级情绪

在进一步探讨情绪之前，让我们先定义"线索"（cue）这个术语。我们可以这样理解"线索"：它是一种刺激、事件或对象，对我们有重要意义，因为它随后会引起我们行为或体验的变化，其中之一就是情绪。举个例子，如果一条狗一边靠近你，一边龇牙咧嘴地咆哮着（线索），这可能引起恐惧的情绪。在这个例子中，恐惧是一种初级情绪。线索可以是内部的，也可以是外部的。狗就是外部的线索，而你对自己的想法则可能成为一个内部的线索。

初级情绪是你在遇到线索后立即出现的情绪，也就是你首先感受到的情绪。情绪是由大脑中对线索做出反应的神经和化学物质产生的；初级情绪几乎在所有人的大脑中都是天生存在的，伴随着面部表情和行为表现，而无论种族或文化如何。理论认为，我们的这些初级情绪是作为生存机制被进化出来的。比如，厌恶的表情是普遍的，它可以向自己和他人发出信号，表明某些东西（比如食物）可能已经腐烂了；恐惧的表情向自己和他人发出信号，表明环境中有某些危险的东西。

我们有十种初级情绪：

1. 快乐（joy）：幸福或满足的感觉；

2. 爱（love）：深深喜欢的强烈感觉；

3. 悲伤（sadness）：哀伤、悲痛或不快乐的感觉；

4. 愤怒（anger）：强烈的恼怒、刺激或敌意的感觉；

5. 恐惧（fear）：强烈地感到某物或某人是危险的、会造成伤害的；

6. 内疚（guilt）：感觉自己做错了事，以某种方式违反了个人价值观；

7. 羞耻（shame）：由于行为违反了社会规范或价值观而引起的痛苦、羞辱或困扰的感觉；

8. 羡慕（envy）：由于渴望拥有或占有别人的某些东西（无论是有形物品还是个人属性）而引起的不安感；

9. 嫉妒（jealousy）：由怀疑或担心竞争对手对我们不利而引起的不安感，特别是担心竞争对手会从我们这里夺走对我们非常重要的东西；

10. 厌恶（disgust）：一种强烈的反感。

花点时间反思这些情绪以及它们在你身上的表现。你觉得哪些情绪对你来说特别强烈或具有挑战性？

○ 次级情绪

在心理健康领域，次级情绪被定义为我们对其他情绪产生的情绪反应。例如，如果一个人被拒绝，他最初会感到悲伤，但随后可能会对自己感到悲伤这件事而感到愤怒。在这种情况下，悲伤是初级情绪，愤怒是次级情绪。

次级情绪通常是由我们对所体验的初级情绪的信念引发的。一个人可能认为悲伤是软弱的表现，所以才会用愤怒来发泄。因此，每当人们体验这些情绪时，想法随之而来，并反过来引发次级情绪。

> 你是否曾注意到，次级情绪会伴随着你刚刚识别出来的初级情绪出现？在这里记下这种体验吧：
>
> _____
>
> _____
>
> _____

是什么导致了情绪问题？

在本章开始时，我们列出了一些涉及情绪障碍的心理健康问题。可以理解的是，如果你在控制情绪上没有困难，你就不会因情绪症状而寻求心理健康专业人员的帮助。许多有心理健康问题的人如果对自己的整体心理健康存在担忧，通常会先向他们的初级保健医生❶寻求帮助，有时

---

❶ 美国医疗保健服务通常被划分为 Primary Care（初级/基础医疗保健）、Secondary Care（二级/专科医疗保健）、Tertiary Care（三级/综合医疗保健）和 Quaternary Care（四级/尖端医疗保健）四个层级。初级保健医生通常是每位患者最先接触到的层级。——译者

情绪问题是身体健康出问题的表现之一。换句话说，情绪问题并不总是简单地反映心理健康问题。药物和其他物质可以直接影响神经系统的许多部分，包括大脑中的情绪中枢。身体健康问题（如创伤性脑损伤）可能会通过损害脑组织而导致情绪症状。

当然，即使没有确诊存在心理健康问题，一些情况和环境因素也可能导致严重的情绪控制困难，例如身体创伤、情感创伤或性创伤，失去亲友，失业或离婚。在许多情况下，随着时间的推移，情绪症状通常会（但不总是）消退。

○ 什么是边缘型人格障碍？

导致人们的体验剧烈波动、症状如过山车般迅速变化的心理健康问题中，最常见的就是边缘型人格障碍（BPD）。即使没有确诊BPD，可能也会有一些与BPD相关的情绪问题，因此你也能从本书传授的技能中受益，这些技能可以帮助你管理这些情绪，它们非常有效，无论是否有心理健康问题，只要愿意尝试，这些技能就是适用的。

BPD是一种常见的心理健康问题，会影响对自己和他人的看法和感受。它的特点是难以管理情绪，这可能导致自毁行为和不稳定的人际关系。关系的不稳定通常是由害怕被抛弃或孤独引发的；但具有讽刺意味的是，难以控制情绪和相关的情绪波动可能会把他人推开，导致被抛弃。

马莎·莱恩汉（Marsha Linehan）博士在1993年出版了开创性著作 *Cognitive-Behavioral Treatment of Borderline Personality Disorder*（《边缘型人格障碍的认知行为治疗》），并开创了辩证行为疗法（dialectical behavior therapy, DBT），这种疗法用于治疗难以调节情绪的人。她识别了五种影

响BPD患者的失调类型：

1. 情绪失调（emotion dysregulation）：难以有效管理情感。

体验到被情绪抛来抛去，并受到强烈且迅速变化的情绪驱动而行事——这被称为"依赖情绪的行为"（mood-dependent behavior），通常与一个人的价值观或长期目标不一致，也因此导致产生更多难以调节的情绪，例如内疚和羞耻。

2. 人际失调（interpersonal dysregulation）：在亲密关系中体验到混乱。

经常难以管理和维持关系，同时害怕被生命中重要的人抛弃。这可能是由情绪失调导致的，也可能反过来导致更严重的情绪失调。

3. 自我失调（self-dysregulation）：难以将自己视为一个完整、一体的人，挣扎着想要定义和澄清自我感。

核心价值观、核心身份、自我形象、长期目标和意识形态不稳定或迅速变化，它可能导致孤独、无聊和空虚的感觉。你有没有问过自己"我究竟是谁？"这个问题，然后被随之而来的沉默所困扰？

4. 行为失调（behavioral dysregulation）：无法有效控制由强烈情绪驱动的行为。

使用自残、自杀、危险性行为、滥用药物和酒精、饮食失调、危险驾驶等潜在危及生命的行为，来控制无法忍受的情绪状态。

5. 认知失调（cognitive dysregulation）：在思考和解决问题上有困难。

包括陷入认知扭曲（cognitive distortions），即夸大的思维模式，结论通常不基于事实。认知失调导致人们以比客观情况更消极的眼光看待事物，并以僵化的、非黑即白的方式看待生活。（我们将在后面的章节中更全面地探讨认知扭曲。）

我也可以不内耗

情绪问题的迹象

情绪体验可以随时发生。它们可能是积极的或消极的，你想要的或不想要的。情绪变化可能是正常的，通常是对事件或线索的暂时反应；然而，当情绪反应与刺激事件不成比例、过度强烈、持续时间过长或不稳定，或者难以控制时，就可能表明存在潜在问题或障碍了。

难以调节情绪的人可能会体验到情绪变化如过山车一般，从抑郁到焦虑再到愤怒；有时这些转变会在几分钟或几小时内发生。焦虑、羞耻和内疚可能迅速转变为回避这些感觉的冲动，如通过强迫行为、自伤或使用物质来减轻情绪的影响。通常，强烈和易变的情绪会被别人认为是不可预测甚至可怕的，所以这可能导致严重的关系问题。

另一种情况是，有些人由于经历过高强度情绪的负面体验，会极力压抑自己的情绪。因此，他们可能看起来没有太多情绪。但压抑情绪可能非常危险，它相当于在沸水锅上盖了个盖子，最终，压抑可能变成爆发。

○ 伴随而来的其他症状

情绪症状可能伴随其他症状，这些症状因潜在疾病、障碍或状况而异。神经系统控制整个身体，因此情绪问题不仅仅是头脑中的体验，常见的影响情绪的状况还可能涉及其他身体系统，包括：

- **胃肠道**：导致食欲和体重变化，恶心和呕吐以及排便习惯的变化；
- **呼吸系统**：导致持续的咳嗽、呼吸急促和类似流感的症状；
- **泌尿系统**：导致尿失禁或频繁排尿；
- **整体身体**：导致失眠、疲倦和普遍的不适感，伴有各种疼痛。

当你难以控制情绪时，你的身体哪些部位会受到影响？

○ 当情绪控制问题变得非常严重

极度悲伤（伴随攻击性）或激动（伴随空虚感）、内疚、无助和绝望等情绪都可能导致人们感到对生活失去控制。一个体验到完全失控的人更容易发生事故、做出糟糕的决策，有时还可能自伤、考虑自杀，甚至对他人施暴。

与其他心理或身体症状一样，问题可能会变得严重。如果它们危及生命，应该考虑紧急护理（例如拨打医疗救护电话或前往医院急诊室）。紧急情况包括：

- 威胁要自杀或实施自杀；
- 威胁要攻击他人或实施对他人的攻击；
- 由于过度情绪问题已损害判断能力而无法自理；
- 精神状态发生非常迅速且无法解释的变化，例如突然陷入混乱状态、出现幻觉（听到别人听不到的声音或看到别人看不到的东西），或突然嗜睡（可能表明摄入了危险物质）。

○ 评估情绪问题的影响

作为治疗师，在评估情绪问题的影响和范围时，我们感兴趣的是这些问题：

- 你第一次注意到你的情绪症状是什么时候？

- 是你自己注意到的，还是你生活中的某个人指出的？

- 你会如何描述你的症状？

- 有什么会让它们变好或变坏吗？

- 它们通常什么时候出现？

- 你有任何精神疾病或身体疾病吗？

- 你服用药物吗？

- 你饮酒或服用违禁药物吗？

- 情绪问题有导致严重后果吗，比如关系破裂、失业、无法完成学业、事故等？

如果有人新出现无明显原因的情绪困难，并且之前一直身体健康，我们通常会建议他进行体检，以确保情绪症状不是由医疗问题引起的。

小结

在本章，我们探讨了人类情绪这一复杂而神秘的世界。你在阅读过程中可能也产生了一些情绪（希望不全是不舒服的）。我们区分了初级和次级情绪，探讨了人们难以控制或抑制情绪时所面临的一些挑战。

在下一章中，我们将转向一些具体策略，来处理引发激烈情绪的扰人心烦的想法。

第3章　用CBT和ERP处理扰人心烦的想法

即便在还没学会说话时，我们就已经本能地知道，要趋向让我们愉快的事物，远离使我们痛苦的事物。一个孩子可能出于好奇去碰一个热炉子，但手指被烫伤这一强有力的教训教会他不再碰第二次。然而，当痛苦的对象（比如热炉子）存在的地方是我们的头脑时，我们该怎么办呢？

你可能有过这样的经历：识别出一个想法会引发剧烈的心理痛苦，然后非常想避免带来这种想法的事物；如果这些事物无法避免，你可能会找各种方法来压制或中和这种想法；如果这种想法不断出现，你会不断退缩，随着时间的推移，你的世界变得越来越小。**太多的事物会让你想起这种不想要的想法，而太用力的回避导致你牺牲了你所珍视的事物。**

当我们逃避扰人心烦的想法的努力，反而开始导致功能障碍时，我们称之为一种"状况"（condition）。在前文中，我们列举了一些最常见的涉及扰人心烦的想法和情绪困难的状况。这些状况的循证治疗方法属于认知行为疗法（CBT）的范畴。

CBT

认知（cognitive）是指想法（thoughts）和思考（thinking），所以认知疗法关注我们如何看待我们的想法，并引导我们考虑改变视角，从而更有可能带来健康的行为。行为疗法则关注我们采取的具体行动，并邀请我们从选择不同行动的经验中学习。认知行为疗法（CBT）结合了这两个概念，帮助我们更好地理解我们在思考什么、感受如何以及在这些感受下做了什么。

○ 认知扭曲

处理扰人心烦的想法时，所需的认知技能包括识别我们思考体验的方式，这些思考方式可能导致我们得出无益的结论，进而加剧我们想要避免的痛苦情绪。正如我们在第2章中讨论认知失调时提到的那样，这些无益的思维模式被称为认知扭曲，它们会对我们保持客观的能力产生负面影响。以下是一些最常见的认知扭曲，它们往往使扰人心烦的想法变得更加难以应对：

- 非黑即白思维（all-or-nothing thinking）：将体验看作非此即彼的，而不是将其视为一个连续的光谱；
- 灾难化（catastrophizing）：预测会出现负面结果，并假设自己无法应对；
- 过分夸大（magnifying）：以夸张的方式描述你的体验，使其比实际情况更严重；
- 过度概括（overgeneralizing）：从一次经历中提取信息，并将其广泛应用于许多甚至所有经历；
- 忽视积极（discounting the positive）：即便有证据表明你的体验可能是可以忍受的，也对其忽视或否定；
- 情绪推理（emotional reasoning）：将扰人心烦的想法视作事实，这主要是因为它伴随着强烈的感受；
- 选择性概括（selective abstraction）：过度关注与扰人心烦的想法相关的内容，而不考虑更大的图景；

- 应该/必须陈述（should/must statements）：对想法和感受采取过于僵化或完美主义的立场；
- 个人化（personalizing）：将他人的行为归因于你自己的想法和感受；
- 读心术（mind reading）：假设他人在想一些关于你的想法，而你不希望他们这么想；
- 思想-行为融合（thought-action fusion）：相信一旦有了关于某种行为的想法，就相当于实际做出了那种行为。

认知疗法（CBT中的C, cognitive）有助于挑战可能在你脑海中存在的一些初始假设，让你更客观地看待困扰你的事情，并做出更明智的反应。

对于下列每种认知扭曲，看看你是否能提出一个符合该过程的想法的例子。例如，"我的手要么完美干净，要么肮脏得不能接受"是非黑即白思维的一个很好的代表。在练习中，你可能会发现一些扭曲类型比其他的更能引起共鸣，当然，你也可能根本不受某些认知扭曲的影响。

识别认知扭曲	
认知扭曲	例子
非黑即白思维	
灾难化	
过分夸大	
过度概括	
忽视积极	
情绪推理	
选择性概括	
应该/必须陈述	
个人化	
读心术	
思想-行为融合	

认知扭曲的问题在于，它们使我们误以为有个项目要解决，但实际上这是我们无法解决的，比如改变过去、预测未来或确定某事。我们可以把这些称为"虚假项目"（false project）。相反，更有效的做法是专注于我们确实能解决的问题——应对当前时刻的挑战，应对我们的困难情绪，并接受不确定性。我们称之为"真实项目"（real project）。

有一个工具可以帮助人们识别和挑战认知扭曲：自动思维记录。下表可以帮你练习识别你的想法如何影响你的感觉，以及你的想法和感觉如何阻碍了你满足当前的需求。按照给出的例子，尝试用最近一直扰你心烦的想法和感觉来进行练习吧。

虚假项目 vs. 真实项目				
触发想法	伴随感受	认知扭曲	虚假项目 （不可能解决的问题）	真实项目 （当前要解决的问题）
我要生病了	焦虑	灾难化	证明我未来不会生病	应对不知自己是否会生病的情况
我的朋友恨我，因为他们没回我消息	自我厌恶	读心术，个人化，非黑即白思维	让朋友把我的消息还给我——让他们看看他们给我造成了多大的痛苦	坐在这里自我关怀；提醒自己并不知道朋友为什么没回复

ERP

在强迫症和相关障碍的世界里，核心的行为治疗方法是暴露反应预防（ERP）。ERP包含有意地与烦心事（带来扰人心烦的想法的事物）互动（暴露），同时抵制中和行为（反应预防）。如果你能理解你与侵入性想法斗争背后的问题，那么就很容易理解这个解决方案了。**试图让扰人心烦的想法停下来，会让大脑认为这些想法是特别危险的；而允许这些想法出现又消退，则会让大脑认为这些想法没那么重要。**

一种有用的思考方式是记住：大脑本身，这个你体内的器官，对你想法的内在意义没有任何意见。令人惊讶的是，在乔恩写这部分内容时，他经历的一次体验恰好捕捉到了这个概念。一位客户请求乔恩代她与某人交谈，因为她害怕被误解。乔恩同意了，但提醒她最终必须自己在那段关系中表达自己的需求。当他坐下来写本书这部分内容时，他收到了一个新邮件提醒，并习惯性地打开了它。邮件内容是：

> "乔恩，我觉得这是一种逃避，你……"

此时，乔恩的胸口开始紧绷，喉咙好像出现了一个肿块，热量从下巴辐射到头皮。他让某人失望了！她们感到失望！他因为没做某事或怎样，让某人的生活变得更糟了……

> "……不得不代表我和她交流。我会自己处理这件事，并为接下来的事情负责。谢谢你的鼓励。"

突然间，乔恩脸上的热量消失了，喉咙里的肿块消失了，压在胸口的沉重感也凭空消失了。在一句话的开头和结尾之间，条件反射的想法和感觉让乔恩体验了一次疯狂的旅程。

这曾经发生在你身上吗？这说明了一个重要的观点：情绪可以与想法联系得如此紧密，以至于在我们甚至还没有意识到自己在想什么之前，就可能已经开始感受到对这个想法的情绪反应了。究竟是想法引起情绪，还是情绪附着在想法上，然后我们才把这些想法当作能够改变我们感受的东西？

考虑你对以下词语的反应："树""桌子""看见""毛衣"。

现在考虑你对这些词语的反应："癌症""刺伤""恋童癖""毒药"。

很有可能，你对第一行词语的反应是中性的，而对第二行词语的反应是负面的（无论轻微还是显著）。然而，这两行词语实际上是相同的，因为它们只是纸上的墨迹（如果你是在电子屏幕上看到它们，那它们只是屏幕上的点；如果你在听有声书，那它们只是扬声器中的声音！），伴随而来的是你先前学到的关于这些概念的故事。

让我们做个实验。拿出一张纸，写下任何一个中性的字或词——任何字词都可以。盯着这个词一会儿，然后问自己："我在看什么？"比如，如果你写的是"猫"，你看到了什么？这是一只真正的猫吗？当然不是。这是一个字吗？如果你理解这些符号，那它对你来说是一个字。这些笔画是符号吗？你怎么知道的？最终，你看到的只是纸上的墨迹。现在再做一次，但这次写下一个你不想要的想法。你真正在看的是什么？

大脑在很大程度上要通过我们的行为来学习如何看待想法。它并不知道要对某个特定的恐怖想法产生焦虑，直到你的行为表明这个想法与某些危险有关。或者更简单地说，如果你回避某个东西，你的大脑会学到这个东西需要回避，以免它伤害你。当你试图重新接触相同的东西时，你就会收到大脑的提醒："警告：可能有危险。"你的大脑天生就会默认你知道自己在做什么，而不认为你被扭曲的想法所引导，所以你一定是出于一个好的理由去回避那些触发因素。

进一步想象，有个东西让你感到痛苦，然后你发现，有个办法能立即且可靠地消除这种痛苦。下次你再对这个东西产生痛苦反应时，你的大脑会提醒你采取相同的办法来消除痛苦。这个概念被称为"负强化"（negative reinforcement），它是大多数扰人心烦的想法和感受背后的驱动力。它是"负"的，因为它移除了某些东西；它是"强化"，因为它使某些东西更有可能被重复。因此，当你试图不用老办法来缓解痛苦，而是做其他任何事情时，你会感到，"啊，更痛苦了！"你的大脑已经学会了如何保护你，并且会对任何突破这种保护机制的行为做出反应。

花点时间追踪一下你自己的想法和感受。写下一个你发现特别具有侵入性的想法或你难以忍受的想法：

_____

当你注意到这个想法时，通常会有什么情绪随之而来？

_____

你采取什么行为来让自己感觉更好、更安全或更确定？

_____

当你不进行那种行为时，想法和感受会发生什么变化？

_____

如果感觉变得更糟，是什么让你得出必须逃避它们的结论？你可以写下关于"它太难以应对了"的想法、恐慌的症状，或在这个过程中出现的任何其他可感知到的体验：

_____

_____

_____

对于那些扰你心烦的想法和感受，你很难改变对它们的反应，因为你的大脑本质上抗拒放弃已经被强化的东西。你可能会在上面写道，当你面对不想要的想法时，你的反应是经历更多的焦虑、厌恶或其他不愉快的体验。你感到压力，自然会想要逃避这些感受，但回避和其他仪式化的行为不断强化着：这些感受是无法忍受的，这些想法一定很重要。因此，在应对扰人心烦的想法、感受时，治疗通常集中在"消除"（eliminating）这种强化上。与其反复强化那种"我们必须强迫性地对不想要的想法做出反应"的认知，不如学习："这些想法根本没有威胁性，也不是无法忍受的。"它们只是想法。简单地说，ERP将我们暴露于使我们想进行强迫行为的条件下，然后向大脑展示，我们可以存在于那些空间中，而不进行那些强迫行为。

想想你的电子邮箱：大量你不想要的消息（垃圾邮件）被过滤到垃圾邮件文件夹中；然而，其中一些消息偶尔会出现在常规收件箱中。计算机算法帮你确定什么进入垃圾邮件，什么进入收件箱。它之所以能学到这一点，一部分是从你如何对待电子邮件中来的。如果你在不阅读内容的情况下将它们标记为垃圾邮件或完全忽略它们，它们就更有可能被算法标记为垃圾邮件；如果你打开它们，阅读它们，甚至回复它们，你就教会了算法直接将更多这样的消息发送到你的收件箱。ERP是一种策略，可以改进与你的心理垃圾邮件相关的算法。

○ 习惯化和抑制性学习

当我们对扰人心烦的想法进行ERP时，可能会发生两种类型的学习：习惯化（habituation）和抑制性学习（inhibitory learning）。习惯化简单地意味着，在反复呈现相同刺激时，行为反应会减少。如果你有个想法是碰到笔就会被污染，同时你反复碰笔而不洗手，最终你在碰到笔时会越来越少感到脏。这是说得通的，因为"脏"的感觉最初出现只是为了迫使你去洗手。在没有洗手（或任何其他消除这种感觉的行为）的情况下，大脑没有理由坚持发出"脏"的信息。

然而，并不是每个进行ERP的人每次都能成功体验到习惯化，尽管他们尽了最大的努力。这可能与人们学习恐惧事物的方式有关。当一种恐惧首次出现时，恐惧触发物和无法忍受的逃避冲动之间就被联系起来了。换句话说，当你遇到触发恐惧的东西时，大脑会直接指向"让它停止！"的位置，然后你会预期自己无法应对它。然而，当你使用ERP有意地直面恐惧触发物，同时违背这种预期时，新的学习就发生了。这种新的或者说"抑制性"的学习，意味着你已经将"恐惧触发物"和"没那么具有威胁性"联系配对了。随着时间的推移，你会感到没那么需要用强迫行为来回应你的想法，因为你多次证明你预期的失败（或无法应对）是不准确的，即使它仍然让人感到不安。如果你在多个地方、处于不同困难程度下触摸多支笔，你会学会抑制，而不仅仅把它们当作被污染了的东西那样去反应。你可能会（也可能不会）感到脏，但你不会感到非要消除这种感觉。

○ 关于ERP的误解

关于ERP有一个巨大的误解，人们认为它是危险的，特别是那些难以调节情绪的人，比如那些与BPD作斗争的人。人们的想法是，如果暴露于扰人心烦的想法中，这可能会带来具有挑战性的情绪，可能会导致本就容易情绪失调的人做出不当行为，伤害自己，或者再次受到创伤。这个误解是站不住脚的，因为它的假设是，情绪强烈的人不会利用任何可能有帮助的技能。而本书的中心论点是，**只要给人们适当的技能，来让他们待在有挑战性的情境中，暴露性干预就可以被安全且明智地实行，哪怕他们的情绪十分强烈。**

基于暴露的疗法需要勇气和态度，这是毋庸置疑的。但你可能对"暴露"这个词有一种与"折磨"同义的联想，这就是另一个谣传了。可能因为媒体的消极报道，或者有些想使用它的治疗师好心办了坏事，暴露疗法在一定程度上是声名狼藉的。确实，在某些情况下，过度矫正或者做超出"正常范围"的事情，可能有助于产生新的学习，而这正是克服原来的想法所需要的。例如，一个害怕身体某部分不吸引人的躯体变形障碍患者，可以通过穿着突出那部分身体的衣服来练习暴露；他们可能通常不会这样做，但比起简单地抵制、回避行为，故意这样做可能可以更强大地改变大脑对相关想法的反应方式。不过重要的是要记住，这些过度矫正策略绝不应该是残酷、强迫或自我惩罚的。相反，它们是重新发现你的决心、勇气和力量的邀请。

关于暴露还有另一个令人不安的谣传：人们认为它是肤浅的，未能触及一个人痛苦的根源。这个谣传来自一种误解，即自上而下的方法（治疗行为）不如自下而上的方法（先治疗潜在的信念和背景）有意义——这是完全没道理的。暴露要求我们进入新的领域，选择违背我们本能的行动，它需要我们更深入地挖掘灵魂的中心，然后，向更好的生活迈出一步，而不是停在那里。

暴露是朝着让你害怕的事物迈出一步，而反应预防可以让你的大脑学到，你比你曾经以为的那样更有能力、更能干。没有反应预防，暴露就几乎没有作用。戴着手套触摸脏东西没法教你处理不确定性，就像闭着眼睛、关掉声音看恐怖电影也没法教你处理令人不安的想法一样。但抵制强迫行为并不是要"硬撑"着度过一次体验。屏住呼吸；咬牙坚持；别往下看；只要快速做完就好了；记住，很快就会结束——这些听起来都像是好建议，但这些信息教会大脑：你正在做的事情原本是令人无法忍受的。**你努力的全部目的，应该是建立"我可以做到"的模式，而不是"这超出了我的能力范围"。**

最后，关于反应预防还有一个特别无益的误解，即在面对扰人心烦的想法和感受时，任何减少痛苦的努力，本质上都是强迫性的。这不是事实，原因如下。强迫行为是去试图确定扰人心烦的想法（包括"你的感受会摧毁你"）是否真实。虽然任何行为都可能起到强迫行为的作用，但使用应对和调节技能本质上并不是强迫性的。深呼吸、参与有价值的行为、冥想、锻炼以及更普遍地练习正念，都可以是有效策略，让我们保持在可以最高效地进行学习的心理和情绪状态中。

利用与ERP互补的特定治疗工具，对使其发挥作用至关重要。如果暴露根本不激活（情绪或反应），大脑就不会将这种体验视为新的学习。然而，如果暴露过度以至于你进入惊恐或解离（dissociation）状态，此时的大脑状态也没法接受新的学习。学会在暴露的背景下进行调节，是在这个状态中保持足够长时间，来学习如何克服挑战的关键（这就是DBT技能发挥作用的地方，你将在下一章看到）。

在ERP的帮助下减轻痛苦

如果我们期望看到，我们和所害怕事物的关系发生变化，我们不能指望仅仅通过谈论它们就能做到这一点。在前面，我们探讨了ERP的预期目标：减少痛苦（习惯化）和减少逃避痛苦的需求（抑制性学习）。那是你需要知道的"是什么"和"为什么"，现在我们将讨论"怎么做"。

在我们深入探讨ERP中使用的核心策略之前，有几个重要的指导原则：

- 暴露绝不是有意设置危险，也不应该将自己置于实际可能发生伤害的情况中。
- 暴露绝不需要违背你的价值观。
- 只有在与有意义的反应预防（抵制身体和心理强迫行为）相配合时，暴露才有效。
- 只有当你是暴露的现场见证人（不处于惊恐发作、解离或醉酒状态）时，暴露才有效。

○ 暴露技术的类型

暴露，或者说有意地面对让你害怕的事物，可以通过多种方式进行。

实景ERP

直接面对恐惧触发物，被称为实景ERP（in vivo ERP）：在现实生活中面对让你害怕的事物。如果你害怕被污染（脏），你可能会建构一个实景暴露的层次结构，看起来像这样：

1. 待在房间里距离污染物几米的地方，不做强迫行为。
2. 站在污染物附近。
3. 触摸一个靠近污染物的物体。
4. 隔着屏障（例如纸巾）触碰污染物。

5. 触摸之前暴露中用过的被污染的屏障。

6. 直接用一根手指触摸污染物。

7. 直接用整只手触摸污染物。

8. 让污染物直接接触你衣服或身体的其他部位。

9. 交叉污染你的个人物品或家中的其他区域。

10. 在手被污染的情况下从事"干净"的活动。

当然，实景ERP并不仅仅意味着触摸东西。它通常意味着，将自己置于毫无疑问会触发抗拒想法的情况中。害怕细菌的人可能会在公共厕所进行实景ERP，无论他们是否触摸了东西。同样，害怕造成伤害的人，可以通过去可能造成伤害的地方（比如地铁站台）进行实景ERP，同时抵制强迫行为。以下是一些可能对各种恐惧有帮助的实景ERP方法：

污染

- 触摸被污染的物品；
- 待在一定或可能存在污染物的地方；
- 穿被污染的衣服；
- 把被污染的物品用于其原本用途。

伤害

- 将触发物（如刀）用于其原本用途；
- 处于容易造成伤害的环境中；
- 观看一定会引发有关伤害的想法的媒体作品。

不可接受的想法／禁忌

- 接近触发人或物；

- 观看引发扰人心烦的想法的媒体作品；
- 参与有价值的活动，尽管这些活动会引发扰人心烦的想法。

对称／恰到好处／完美主义

- 故意不完美或"错误"地做事；
- 参与需要精确或竞争的任务，但不试图驾驭它们。

社交和外表

- 处于可能触发这类想法的社交环境中；
- 自愿在课堂、小组或公共场合发言；
- 穿可能引发他人评判的衣服或留这样的发型；
- 参与可能引发他人评判的活动。

关系

- 做浪漫但可能引发对关系的怀疑的事情；
- 发布可能触发关系恐惧的图片或社交媒体帖子。

这些只是针对一小部分侵入性想法的几个例子，但希望大家明白的关键点是，在大多数情况下，我们总有办法用各种战略性的暴露来面对让我们害怕的事物。

想象 ERP

对于许多令人抗拒的想法来说，世界上存在真实、具体的场景来引发它们，并进行实景 ERP，但对于某些类型的想法，想在现实生活中找到暴露机会可能很困难。此外，一些现实生活中的暴露产生的情感强度，可能无法像我们头脑中的故事那样可怕。因此，另一种练习暴露的方法是，通过写作来生成关于扰人心烦的想法和感受的故事。

想象ERP（imaginal ERP），有时被称为"脚本撰写"（scripting），通常包括写一个关于你的恐惧可能成真的故事，或想象它成真的情景。在延长暴露中，针对PTSD和涉及真实过去事件的侵入性想法，脚本可能只是对所发生事情的客观描述，这样你就可以练习在头脑中与那个事件相处，而不做出强迫行为。关于未来或理论上的担忧，脚本可能是描述你不想面对的事件发生了，以及你不想面对的后果如何影响你。

撰写想象暴露脚本是没有完美方法的。不同的语气和风格，可能对你来说或多或少具有触发性。例如，以肯定的方式写关于强迫想法成真的内容（我会去参加聚会，他们会嘲笑我），比起写成它正在发生（我在聚会上，人们正在嘲笑我）或它可能发生（我可能去参加聚会，人们可能会嘲笑我），其触发性可能更强，但也可能不如后者那么强。在使用这种技术时，最重要的一点，就如同在实景ERP中一样，是不涉及强迫行为。

在想象ERP中要抵制的强迫行为：

- 写保证声明，说恐惧实际上是不真实的；
- 写出这个想法可能不会成真的理由；
- 写作或阅读时，在头脑中反复思考脚本是否真实。

脚本可以写成任何长度，通常你可以重复阅读它，来让你对它的痛苦逐渐减轻。另一种策略是，你可以不重复阅读同一个脚本，而是每次写一个新的脚本。你需要理解的是，脚本是关于你抗拒的那个想法的故事，暴露于脚本的目标是，向大脑证明它实际上只是一个故事——你可以阅读它而不做强迫行为或受到伤害。然后，当扰人心烦的想法侵入，你开始反刍它们时，你的大脑会记得：等等，这就是那个故事，我们现在不需要关注它。

脚本也可以用来激发人们对ERP的积极性。一种较轻松的、强度较低的使用想象暴露的方法是，简单地描述一下你将停止寻求其确定性的强迫观念，辅以反思你所珍视的事物，正是这些事物让这项艰难的工作具有价值。但要再次强调，如果想要这些方法起效，不要写任何保证声明，因为那些声明会向你的大脑发出信号，表明你的侵入性想法确实具有威胁性。

内感受ERP

另一种形式的暴露侧重于有意地引发你被想法触发时会体验到的那种身体状态。如果说DBT和相关技能是用来降低内部体验强度的，那么内感受暴露就是用来激发这些体验以进行暴露的。在许多方面，内感受暴露就像DBT技能的反面，所以如果你容易感到不堪重负，重要的是要温和地进行练习，循序渐进。

内感受ERP（interoceptive ERP）最常用于缓解恐慌症状，适用于那些害怕惊恐发作并倾向于对与恐慌相关的身体感觉反应过度的人。例如，通过小吸管呼吸（提供呼吸短促的错觉），在椅子上旋转然后突然停下（产生眩晕感），或原地跑步（使心率增加）。和前面的方法一样，当这些症状出现时，治疗目标是在没有进行身体或心理仪式的情况下让它们消退，让大脑见证古老的规则：有起必有落。当然了，任何涉及身体的暴露，请先咨询医疗专业人士，以确保你的暴露不会导致实际的身体伤害，或带来加重已有疾病的风险。

以下是内感受ERP的一些其他方法，可能有助于处理扰你心烦的想法和感受：

- 在炎热的天气穿暖和的衣服，产生脸红或出汗的感觉；
- 在胸部放置重物，模拟恐惧的感觉；
- 待在黑暗或封闭的地方，引发相关的恐惧；
- 安全地饮用适量的咖啡因，可以为相关恐惧创造紧张或冲动的感觉。

正如往常一样，ERP在难度适中的情况下效果最佳，在这种情况下，你可以感受到足够的痛苦、接触到头脑中的恐惧，但又不至于痛苦到让自己处于危险境地或无法专注于暴露练习。

○ 消除强迫行为

需要反复强调的是，改变你与扰人心烦的想法的关系，主要就是要"改变"你与这些想法的关系！当我们用寻求确定性的强迫行为来回应让我们害怕的事物时，我们教会（并反复教会）大脑：这些想法和感受从根本上是危险的。就像任何东西都可能让人强迫一样，几乎任何行为都可能是强迫行为——只要其目标是让你感觉更确定。以下只是五个需要注意的强迫行为类别（或需要预防的反应）。

回避

也许最常见且容易理解的强迫行为，就是仅因为那些扰你心烦的想法，而不做你在意的事情。虽然在某些情况下，回避触发因素可能是保持安全的重要方法（比如在成瘾恢复过程中，回避触发使用成瘾物质的冲动的东西），但回避包含触发因素的有价值的行为，只会教会大脑：你的触发因素比你更强大。

我也可以不内耗

回避（avoidance）是应对任何威胁性事物的第一道防线，但重要的是要记住，**大脑难以区分"真正危险"的东西和"仅仅是让人觉得可怕"的东西**。它从你投入回避的努力中学到很多。以下是一些你可能正在回避体验的方式：

- 远离可能出现扰你心烦的想法的环境；
- 当电视或广播出现触发性内容时换台；
- 通过过度分散注意力或心不在焉（如无意识地玩电子游戏）来逃避想法和感受；
- 逃避可能包括触发因素的责任（因为害怕污染物而不打扫卫生）；
- 回避可能触发扰你心烦的想法、感受的词语或数字。

回避可能是 ERP 中首先要处理的强迫行为，因为任何减少回避的行为，本质上就是暴露。

过度寻求保证

未知可能很可怕，加之人类总体来说相当擅长使用"认知技能"，这意味着我们善于收集信息并用它来理解我们的体验。互联网的发明创造了一个环境，让我们可以随时随地收集关于几乎任何事物的信息。虽然你可以通过一次性的核对事实有效地获得安心感（例如，你不会通过某人的汗水感染 HIV），但多次、重复尝试获得这种保证会向你的大脑发出信号，表明你既不确定，又不能忍受不确定性。

抵制过度寻求保证（reassurance）可能非常困难。不幸的是，过度寻求保证会剥夺你克服恐惧的机会。以下是一些强迫性地过度寻求保证的方式：

- 要求某人告诉（并一再告诉）你为什么你所恐惧的是不真实的；
- 上网搜索或以其他方式研究证明你所恐惧的是不真实的；
- 在脑海中反复重复保证信息（反复提醒自己HIV检测结果是阴性的）；
- 反复提出同一个话题，以让别人自愿提供保证信息（比如问伴侣对你的感觉如何，这样你就可以听到对方说"我爱你"）。

抵制上网搜索可能需要一些战略性的回避，比如限制自己使用电脑或智能手机的时间。如果某人是你过度寻求保证的对象，你可以通过制定一个契约来寻求他们的帮助，帮助对方知道如何回应你，并允许他们拒绝给你保证。

迁就

当你周围的人助长你的强迫行为时，暴露治疗将变得不那么有效。对强迫症和相关障碍症状的迁就（accommodation）会发生于许多家庭中，并且可能以多种方式表现出来，包括但不限于：
- 提供保证；
- 等待你完成你的强迫性仪式；
- 为强迫行为提供材料（比如为有洁癖的人多洗衣服，或买额外的肥皂）；
- 促进回避（比如藏起厨房刀具，以免其被格外恐惧伤害的人接触到）；
- 无休止地忍受你关于恐惧的深入分析讨论。

中和行为

许多种强迫行为是试图消除或替换触发性的想法和感受。可能的强迫行为太多了，无法一一列举，但旨在中和触发因素的中和行为（neutralizing behaviors）的例子包括：

- 强迫性检查行为；
- 强迫性清洗行为；
- 用"好"的想法替换"坏"的想法；
- "修复"看起来会触发想法或感受的东西（比如让某物对称，或把某物调整到一个"好"的数字）。

反刍

反刍（rumination）也许是最隐蔽的强迫行为，它指的是有意地试图弄清楚（或确定）那些扰你心烦的想法。你可能习惯于听到和说出"我整天都在纠结"这样的话，但我们通常所说的"纠结"（obsessing），实际上被理解为"强迫行为"（compulsing）更好。想想你上次被无情的侵入性想法触发的经历；紧接着，你很可能把注意力从触发前你正在做的事情上移开，放在触发物及其意义上；然后你很可能花了一些时间，试图弄清楚触发物意味着什么，以及它是否会伤害你。

当你进行ERP时，你可能会感到强烈的冲动，想要思考你正在做的事情，并分析它是否会对你有好处。这当然是一种本能，就像当你感到手脏时想洗手一样；但当你试图在大脑中创造新的认知时，反刍会妨碍这一过程。以下是反刍可能发生的一些方式：

- 在头脑中提出一个想法用以分析你对它的感受；
- 在脑海中反复回放记忆、对话、指示、梦境或其他心理事件，直到感觉它们得到解决了；

- 在脑海中排练即将发生的事件（过度重复你要见到某人时对他说的话）；
- 在头脑中演绎假设的场景（在没写暴露脚本时，想象如果你的恐惧成真会发生什么）；
- 在脑海中就扰你心烦的想法的重要性或意义展开辩论。

○ 循序渐进

明智地逐步开展ERP是很重要的。就像在健身房增肌一样，开始时如果负重太大，可能会导致受伤。开始时暴露太激烈只会导致不堪重负。在完全失调的状态下，没有奥运选手那样强大的应对技能，你不太可能认识到自己能够处理令人害怕的事情。就像在健身房一样，**从一个具有挑战性但可承受的"重量"开始很重要**。让自己把姿势做对，向自己展示你现在有多强，然后在此基础上再接再厉。关键是，要建立一个不回避的新习惯，逐步增加暴露的"肌肉"，直到你可以面对挑战，生活中没有什么能让你倒下。

一个确定起点的好办法是记录你的触发因素，写下它们有多令人痛苦，以及你是如何回应它们的。想想你希望用ERP解决的恐惧是什么，并使用下面的表格，写下你记得在过去几天中遇到的触发因素（第1列）、它们让你感到多么痛苦（1 ~ 10分评价，第2列），以及你采取了什么行动来远离那种痛苦（第3列）。请确保第3列中的行为不仅包括身体上的行为，还包括心理行为（你是怎样试图用思考来摆脱恐惧的）。你会发现，你所抗拒的想法和恐惧可能只是偶尔出现（但强烈），也可能一直存在。不用在这个练习中捕捉到每一个瞬间，只需给自己一个样本。

触发因素/痛苦/反应日志		
触发因素	痛苦程度（1～10）	身体或心理强迫行为

现在你已经了解了触发因素在日常生活中的作用，让我们构建一个分层结构。不用因为仅仅写下了某些东西，就担心需要承诺做这些事情。这只是一种方法，让你在头脑中描绘你可以做什么，来面对扰你心烦的想法和感受。从上面的日志中提取出触发因素，并按照它们的痛苦程度（从最低开始）重新写在下表的第1列中。然后在第2列写下，你可以有意去做些什么，来练习只是和那个触发因素待在一起，而不做强迫行为。在第3列中，写下你必须抵制什么，以使ERP的"反应预防"部分有效。你可能会注意到，相邻两个触发因素所带来的痛苦程度之间相差较大，看看你能否想出会引发中间程度痛苦的暴露来填补空白。

分层建构器		
触发因素 （引发的痛苦程度从最低到最高）	暴露 （练习与触发因素相处的方式）	反应预防 （你将抵制什么）

当你在分层中的某个点上，发展出一些掌控触发因素的能力时，你就可以向上迈出一步，走到下一个台阶。继续前进并不一定需要在每个台阶上完全习惯化（或克服恐惧），只要你已经证明了自己能够有效地应对痛苦而不做强迫行为，这就够了。回到健身的比喻，不需要让一个杠铃"变轻"才能继续增加重量，只要你开始觉得它更容易举起来就可以了。

许多人发现，一旦他们开始了ERP，逐步上升了几个台阶，分层建构就会土崩瓦解。你最初认为不可能的事情，变得不那么成问题了。**事实证明，没有必要非达到分层的顶端。实际上，一旦你感到有能力了，在分层建构中跳来跳去、混合不同的难度级别反而是有帮助的。**这有助于你进行泛化（将新学到的东西应用到多个情境中），并提醒你可以处理自己的恐惧，无论它们是容易还是困难、在你预期之内还是让你措手不及。

实时应对扰你心烦的想法

制订一个计划来克服你对想法的焦虑和恐惧是有用的，但你可能会想："在这些想法出现时，我应该如何应对呢？"一个简单的规则是：不要防御！**重要提示：这种方法只适用于自我失谐的想法**（见第1章）。自我失谐的想法是躲过算法溜进来的垃圾邮件，我们不想打开它们也不想回复。然而，自我协调的想法，特别是那些可能导致有害行为的想法，应该被纠正和挑战（在后续章节中我们会更详细地讨论）。

那么，不防御地面对扰你心烦的自我失谐的想法是什么意思？这意味着你有4种可能的回应方式，可以帮助你摆脱这些想法而不做强迫行为：

1. 忽略它。你可以忽略邮箱里出现的广告信息，所以你也可以忽略垃圾想法。虽然仅仅假装没有注意到这个想法并不能根治问题（否则，谁还需要支持呢？），但它仍然是一个完全可行的选择。

2. 在心里标注它。你可以承认，"哦，嘿，那个想法又来了"，而不用像对待一个问题或有意思的内容那样对它做出反应。

3. 若无其事地允许其不确定性存在。你可以对想法的内容说："是啊，也许吧，我不知道。"然后立即把注意力转回到被想法打断的地方。

4. 带着夸张、讽刺或幽默的态度同意这个想法。你可以说："哦，是啊，还不止如此呢！"对这个想法开玩笑吧。它在嘲弄你，所以你也可以反过来嘲弄它，但要更大声哦。

花点时间想想，你如何使用这些非防御的回应方式，来应对扰你心烦的自我失谐的想法。不用纠结于哪个最好。随机选择它们，可以防止任何单个回应变得过于重复和仪式化。

小结

在本章，我们描述了如何进行CBT和ERP，以驾驭扰你心烦的想法。我们了解了3种进行暴露的方式（实景、想象和内感受）和5类需要阻止自己做出的反应/仪式行为（回避、过度寻求保证、迁就、中和行为和反刍），以便新的学习能够发生。

虽然ERP是克服恐惧并学会处理不确定性的最好方法，但它本质上可能会引起激活和失调。大多数改变都是这样的，即使是好的改变。它开始于不适和压力，然后才变成有价值的东西。但当学习新事物的不适和压力使我们不堪重负时，我们就需要额外的工具，来明智地达到心理健康的状态。为此，我们有DBT。

第4章　用DBT处理激烈情绪

在CBT的范畴下，还有另一种强大的治疗方法：辩证行为疗法（DBT）。DBT最初是由马莎·莱恩汉（Marsha Linehan）博士开发的，用于治疗与自毁和自杀行为作斗争的人，随后它成为边缘型人格障碍（BPD）的黄金标准疗法。这种疗法吸引了许多治疗师和患者，不仅因为其有效性，还因为它将四个基本要素（即生物、环境、精神和行为）整合到了一个全面的治疗方法中。这个疗法还很独特，因为它关注一个人要改变的需求，同时又完全接纳他们在当前时刻的样子，这两方面达到了一个巧妙的平衡。

DBT

○ DBT的特别之处

从广义上讲，就像ERP一样，DBT也是一种认知行为疗法（CBT）。CBT试图识别和改变负面思维模式，并推动更适应和健康的行为改变。

在DBT中，"辩证"（dialectical）这一概念指的是看似极端对立的事物可以共存。例如，你可能筋疲力尽想睡觉，但仍然起床去上班；想要睡觉和找到能量去工作都存在于同一时刻。DBT中的核心辩证法是，**接受事物在当前时刻的样子和它们将会改变的事实，两者可以共存**。你可能对自己在治疗中的努力感到高兴，并注意到自己整体上感觉更好了；但同时你也可能因生活中经历的某些挣扎而在此刻感到悲伤。现实可能是，你确实正在因某事而受苦，但同时你并没有沉溺于痛苦中，而是在努力做一些事情，使你更有技巧、更高效。

○ DBT 的支柱

DBT 基于三个基本支柱构建其治疗方法：

1. 所有事物都是相互关联的。一切事物、每个人都是相互关联和相互依存的。我们都是万物织锦的一部分，一群生命的集合在支持和维持着我们。我们也与我们的家人、朋友和社区相连。我们需要他人，他人也需要我们。

2. 变化是持续和不可避免的。这个观点并不新鲜——2500 多年前，哲学家赫拉克利特（Heraclitus）说过，"生活中唯一不变的就是变化"。生活充满了喜悦、悲伤、治愈和痛苦，但因为变化会发生，所有这些都会改变，包括痛苦。事情有时变好，有时变坏，但如果你发现自己在想"这永远不会改变"，那根本不是真的，因为没有什么会一成不变，如果你用点技巧，就可能少受点苦。

3. 对立面可以整合形成更接近真相的东西。这个原则是辩证法的核心。DBT 旨在以更完整的方式看待你自己和世界。DBT 的核心是认识到，你的生理反应和过去的经历可能导致你挣扎，但同时，你可以改变你的行为和选择，以便更有效地生活。

○ 关于DBT的误解

DBT 可能看起来令人困惑，尽管它有最好的证据基础，证明它适用于在情绪上不堪重负的人，但仍有许多关于它的误解需要澄清。

一个误解是，DBT只用于治疗患有边缘型人格障碍的人。事实是，大量研究表明，DBT对许多其他情况都有帮助，包括进食障碍和抑郁症，并可以作为双相障碍、PTSD和物质滥用等情况的共同治疗方法。我们主张将许多DBT工具与ERP一起应用于强迫症和相关的基于焦虑的情况。

另一个误解是，如果之前其他治疗没有起效，那么DBT也帮不上忙。实际上，许多在其他治疗中病情反复的人被DBT成功治愈了，这通常是因为，许多其他疗法并不是为了教导有情绪调节问题的人而设计的。DBT认识到，仅仅对问题有洞察力并不能改变问题。例如，许多人洞察到摄入太多热量是不健康的，但他们仍然继续过度进食。DBT结合了对技能缺陷的认识，新技能的教学、实施，以及把这些技能应用到生活问题中。

还有一个误解是，DBT是一种佛教形式。DBT中的正念实践在日常生活和宗教实践中都很常见。DBT练习正念技能是为了训练大脑关注情绪状态，以便它可以采取更有效的解决方案，并留意无效的结果。

○ DBT的治疗阶段和形式

DBT是为那些有不止一个问题的人开发的。许多人生活环境复杂，人际关系具有挑战性，职业遇到困难，还有心理健康问题。试图一次性解决所有这些问题超出了任何个人的能力，因此DBT提供了一个治疗阶段的层次结构，专注于在进入下一个阶段之前需要解决的问题：

第1阶段：这个阶段专注于个人最具自毁性的行为，如自杀企图、自残行为，以及阻碍他们参加治疗的问题。这里的理念是，如果你以自毁的方式行事或不参加治疗，那么治疗就不太可能起效。这个阶段还专注于降低生活质量的行为，并处理诸如抑郁和强迫症等心理健康状况。

第2阶段：这个治疗阶段旨在减少由PTSD和其他创伤性情绪体验引起的各种创伤相关症状（即使它们还没到PTSD正式确诊的标准）。

第3阶段：这个阶段的任务是学会在摆脱心理健康困境的世界中生活。它关注定义生活目标，建立自我价值，找到平和和快乐。

第4阶段：最后，DBT通过提高快乐和重要关系的优先级，来创造对个人有意义的生活。

尽管这些阶段构成了DBT的层次，但最终目标始终都是创造一个值得过的生活，因此并不是说第4阶段的元素不会被带入第1阶段，只是第1阶段的主要重点是减少痛苦。

○ DBT的有效性

美国精神病学会（The American Psychiatric Association）已经认可DBT是治疗涉及情绪易变状况（如BPD）的有效治疗方法。研究表明，接受DBT治疗的人报告了以下方面的改善：

- 自杀和自毁行为的频率减少，严重程度降低；
- 住院治疗时间缩短；
- 愤怒的强度降低，发作次数减少；
- 退出治疗的可能性降低；
- 社交和关系功能改善。

对于正在接受这种治疗的人来说，全面描述DBT需要一本专门的书，所以在这里，我们只会回顾一些主要元素和最相关的要点。简而言之，一个全面的DBT治疗计划包括：

- 个体治疗：与许多类型的心理治疗相似，你定期与你的治疗师会面以审查问题；然而，DBT的不同之处在于，会话专注于上述治疗阶段中描述的问题，关注引起痛苦的情绪和行为，然后要求你使用新技能来改变这种痛苦的过程和体验。

- 团体技能训练：DBT理论基于这样一个想法，即如果你能以不同的方式做事，你就会这样做；而你不这样做的原因，要么是你不知道该怎么做，要么是强烈的情绪阻碍了你使用这个技巧。没有人想要纠结、挣扎，为什么你会选择不去更有效地解决问题呢？在团体训练中，你会在类似课堂的环境中学习DBT技能。治疗师会呈现新技能，然后布置作业，并在下次的团体训练中复习回顾。

- 电话辅导：DBT认识到生活的问题不限于周二下午三点的每周治疗会话。因为挑战会随时出现——周六深夜或朋友的婚礼上，并且因为治疗的目的是能够在需要技巧时熟练运用，所以DBT提供电话辅导。它们通常持续5到10分钟，你的治疗师会立即提供实时支持，而不是等到下一次预约的时间。

- 咨询团队：如果你的治疗师需要支持，或想要通过头脑风暴来提出可能对你有益的新想法，则可以求助于由众多同事组成的更大团队。

在DBT的帮助下控制情绪

全面的DBT专注于教授四套技能，以帮助你处理难以控制的情绪、波动的人际关系、受干扰的自我感知，以及无益的思考和行为方式。再次强调，因为这不是一本全面的DBT书籍，我们只会总结一下这些技巧是如何帮助难以控制情绪的人的。

○ 技能集1：正念

正念是DBT的核心技能。它是"核心"，是因为它对其他技能来说至关重要。正念强调全身心地投入和觉察当下，作为使用其他技能的第一步。它强调，努力减少评判可以让你对自己和他人更富有同情心。

三种心智

在开发DBT时，莱恩汉博士想以一种清晰的方式来与人们谈论不同的心理状态，所以她提出了理性心智（rational mind）、情绪心智（emotion mind）和智慧心智（wise mind）。

情绪心智：可以把情绪心智想象成主要由你当前情绪状态驱动的思考和行动状态。在这种状态下，是情绪在驱动决策，而不是事实和逻辑在驱动。情绪心智有时非常有用，但有时名声不好——这有时是它应得的。比如，想象你向老板要求加薪，他说除非你能提高效率才会考虑，这时你就会非常生气。在这种状态下行动不是个好主意，对吧？在另一种情况下，情绪心智可能正是情况所需要的。在一次浪漫的晚餐上，你是想花时间计算餐费，还是更愿意专注地倾听伴侣的话、享受你们共度的时光？

要确定你是否在受情绪心智支配而行动，问问自己：我的行为是否依赖于我的心情？我是否只有在心情好的时候才能完成事情，而在心情不好的时候就无法完成？心理健康和有效发挥能力意味着，无论心情如何，我们都能做需要做的事。

如果你倾向于依赖情绪行动，我们希望你能及时意识到这一点，并进一步注意，你的反应是否会根据你的心情而改变。当你快乐、害怕、悲伤或愤怒时，你的反应是否不同？考虑一些常见情况：

- 与同事、同学或亲戚发生争执；
- 一时冲动逃班而不通知公司；
- 拥抱小狗或小猫；
- 与伴侣亲热；
- 主动为朋友做晚餐；
- 对刚刚在停车场抢你车位的司机大喊大叫；
- 在付房租之前用信用卡买一双新鞋；
- 从一只吠叫的狗面前逃跑。

现在，对于这些情况中的每一种（或其中几种更直接与你的生活相关的情况），完成以下思考过程：

当我在这种情况下处于积极的心理状态时，我的感受包括：

_____

而我的行为包括：

_____

但当我在这种情况下处于消极的心理状态时，我的感受包括：

_____

而我的行为包括：

_____

这个练习的目标是澄清你如何根据你的心情对事件做出反应。所以你可以随意使用单独的纸张来完成这个练习，纸上写多少你想探索的情况都行。

理性心智：这是一种完全基于逻辑和事实做决定的心理状态。"事实"指的是可以被你和其他人观察到的部分。在这种状态下，很少有空间留给情绪。假设你工作了一整天，还需要买些杂货。你最喜欢的杂货店有你最喜欢的食物（尤其是你渴望作为晚餐的比萨），离工作地点车程30分钟，方向又与回家相反，所以去那儿会增加1小时通勤时间，这还没包括购物时间。通常情况下，这趟路程对你来说是值得的，但你明天有个早会。离你工作地点5分钟远还有一家杂货店，并且就在回家的路上；你不太喜欢他们卖的食物，但紧急情况下也能凑合。理性的决定是去离你更近的杂货店（无论你多么想吃比萨！）。

理性心智既有好处也有缺点。在需要客观、远见、不让情绪占据上风的情况下，它是很有帮助的。比如：

- 提前打电话给电影院，看看新片影票是否已经售罄，而不是直接去现场碰运气；
- 找人替班，这样你就可以去看望生病的朋友；
- 精确遵循食谱操作，而不是猜测用量；
- 为数学考试复习。

现在，请列举一些适用于你自己生活的例子吧！哪些情况下使用逻辑驱动是有意义的：

_____

_____

_____

_____

然而，当你的情绪信息是适当且可以接受的时候，理性心智就没那么有用了。假设你在一个葬礼上，每个人都在哭，而你说："好吧，乔叔叔89岁了，他的胆固醇和血压高得离谱，最后他甚至都没法嚼吃的。"所有这些陈述可能完全合乎逻辑和事实，但理性心智不是此刻所需要的状态。在以下情况下，理性心智也同样不适用：

- 一个失业的朋友打电话寻求支持；
- 一个被噩梦吓坏的孩子需要安慰；
- 你的伴侣因为你做的某事感到非常受伤或失望。

轮到你了。列举一些在你的日常生活中，处于理性心智状态不会有帮助的情况吧：

_____

_____

_____

智慧心智：智慧心智可以被视为理性心智和情绪心智的结合。然而，它不仅仅是这两者的结合：它包含这两个元素，但也有反思性、沉思性和直觉性的状态——一种不太可能冲动行动的状态。智慧心智似乎从整个身体中散发出来，让你感到平静安定，即使有情绪附加在你必须做出的决定上也是如此。

让我们回到那个做噩梦的孩子的例子。你当然不会不耐烦地冲进房间，责骂孩子毁了你的睡眠，对吧？相反，这里有情绪心智的位置——拥抱孩子，向他保证那只是一个梦，倾听他的恐惧，安慰他，擦掉他的

我也可以不内耗

眼泪。这里也有理性心智的空间：向孩子展示衣柜里或床下没有怪物，提醒他们，可能是睡前读的可怕故事让他们的脑海中产生了可怕的想法。你将情感与逻辑整合起来，大大提高了你和孩子在这次遭遇后都能安然入睡的可能性，两方都能在这次互动后平静下来。

现在你已经了解了这三种心理状态，回顾过去几天，写下几个你能识别出你所处心理状态的情况。在这样做时，思考引导你定义那种心理状态的线索和行为、你在每种心理状态下做出的不同反应，以及哪种心理状态在特定情况下最适合你。

情况1：

_____

心理状态：

_____

情况2：

_____

心理状态：

_____

情况3：

_____

心理状态：

_____

DBT强调，接受现实是改变行为的第一步。然而，为了接受现实，你首先必须注意到它，然后如实描述它，这就是正念发挥作用的地方。

正念最困难的方面之一是不加评判地观察现实。在教授患者正念技能时，莱恩汉博士意识到，需要区分正念练习时的"做什么"和"怎么做"。

做什么来练习正念

观察：有意识地用你的感官，注意你身体内外的现象。例如，你可能注意到有个地方瘙痒、有个想法或有种情绪，你可能观察到一朵云飘过、听到鸟的声音、闻到蛋糕的气味。

> 静坐几分钟，闭上眼睛。用你的听觉来注意环境中的声音。几分钟后，将注意力转移到身体感觉上，如肌肉紧张和瘙痒。完成这些任务后，写下你注意到的东西：
>
> _____
>
> _____

描述：有意识地用词语表达你已经观察到的东西，描述具体的感觉、想法或者情绪。你可以描述云的移动、鸟叫的音质或蛋糕的香味。你可能会意识到，虽然我们有很多词汇可以用来表达，它们是我们描述观察对象的最好工具，但它们并不能完全捕捉到体验的完整性。你坠入爱河的方式或看到的蓝色，未必与另一个人的体验相同。

> 如果你养了宠物，观察你的宠物在做什么，并描述它的动作。用词语表达你的观察，例如"我的狗在玩一个黄色的球""我的猫戴着天鹅绒项圈"等等。注意你的思维是否开始转向评判了。例如，球是黄色的，

这没错；但如果你的狗咬得它失去了弹性，你可能会认为它没用——这是一个评判，因为"无用"是不可观察的；对狗来说，球是有用的！

参与：有意地完全投入你正在做的活动。当你在和朋友说话时，只做这件事。当你在喝一杯茶时，只喝茶，做到全神贯注。当你在森林中散步时，完全沉浸在走路和置身大自然的体验中。

和朋友说话时，关掉所有设备，全身心参与讨论。开车时，关掉收音机，放下手机，注意不分心状态下的驾驶体验。喝一碗汤时，从头到尾只品味它——体验温度、香气、味道和舌头上的感觉，不做其他任何事情。

怎么做来练习正念

不评判：有意识地避免使用"好"或"坏"、"公平"或"不公平"、"丑陋"或"美丽"等评判性的标签。这不是说这些词没有用，而是对于正念练习来说，它们会使描述结束，并可能减少好奇心的出现。这些词的另一个问题在于，它们表达了一种观点。一幅印象派画作可能对一个人来说很有启发，却令另一个人困惑。一顿牛排晚餐对喜爱食肉的人来说可能很美味，而对素食者来说可能是恶心的。一场体育比赛的失利，可能对其中一支球队来说不公平，对另一支球队来说却是公平的。

观看一个你不喜欢的电视频道。注意脑海中出现的评判。把它们写下来：

_____

_____

_____

这些评判是自动出现的吗？你有没有想过，与你的想法对立的观点是如何产生的？如果这个领域太敏感了，那就想想对爱人的行为或观点的评判。你的评判是否阻止了你产生好奇心？

专一地做：有意识地在当下只做一件事。有效处理多项任务只存在于神话中，这与大脑的工作方式相悖。把可以稍后完成的事情放在一边吧，只做当下需要做的一件事。

> 如果你必须查阅电子邮件，那就关闭所有其他应用程序，只看电子邮件。如果你在和伴侣散步，关掉手机，这样你就只是散步，不会被信息干扰分心。如果你在读一本书，只读那本书。注意当你专一地做事情时会发生什么。

有效地做：有意识地专注于当下有效的技能。很多时候我们只想证明我们是对的，哪怕证明这一点会让事情没有成效。你的目标是不惜一切代价都要表明自己的正确，还是想要把事情有效地做好？理想情况下，你既正确又有效，但选择把事情有效地做好，比坚持自己是对的可能更有成效。

想想你与爱人的一次争吵，你知道你是对的。你是否总是坚持自己是对的？这种坚持是否对你的关系产生了负面影响？让一些争论不了了之而不坚持自己是对的，可能是有效的吗？

○ 技能集2：痛苦耐受

许多人体验到的负面情绪是压倒性的、无法忍受的。如果没有应对这些情绪的能力，你可能在面对相对低水平的压力时就被压倒了。如果这种情况发生在你身上，你会采取什么行动（无论是有帮助的还是无益的）来处理压力？

列出几个当你有压力时会采取的适应性或有帮助的行为和活动：

_____

列出几个当你有压力时会采取的行为和活动，但它们可能并不适应当前情况、不太有用，甚至可能有害：

_____

DBT的痛苦耐受技能可以用来更有效地应对压力时刻。让我们从两个快速起效的技能开始，然后继续讨论其他的吧。

STOP

如果我们能够简单地停止扰人心烦的想法，然后停止对它们采取无益的行为，那该多好。但我们知道，改变模式是很困难的。所以，STOP

技能是一种减慢速度、更有效行动的方法。STOP是一个缩写，代表：停止动作（stop）、退后一步（take a step back）、客观观察（observe）和带着觉察行事（proceed mindfully）。更具体地来说：

步骤1：停止任何行动。如果你处于情绪心智并有强烈反应的冲动，不要行动。

步骤2：退后一步。给自己一些时间进入智慧心智状态——在回应之前减速并深呼吸。比如，如果你想愤怒地发送一条短信，或情绪化地回复电子邮件，先暂停并做几次深呼吸，同时避免使用手机或电脑。

步骤3：观察和注意。客观评估事实，想想这个困难的情况是否有别的解释，并将想法标记为想法、将情绪标记为情绪。此外，在这个空间中，注意你可能对情况所做的任何评判。

步骤4：带着觉察继续行事。一旦你已经放慢了速度，反思了情况以及你对情况产生的想法、冲动和情绪反应，现在该想想，基于你的长期目标和价值观，明智的回应会是什么样子。可能发送那条短信或电子邮件是最明智的，也可能当下什么都不做才更好。

TIPP

TIPP是另一个缩写，代表四种旨在快速改变身体生理状态的活动，这样你就可以改变你的大脑解释想法和情绪的方式。当你处于重大痛苦中时，尝试使用TIPP技能❶：

T-改变温度（Temperature）：当你非常心烦意乱时，你的心跳会加快。为了抵消这一点，首先用冰块和冷水填满一个大碗。深吸一口气，

---

❶ 警告：如果你有心脏或呼吸系统疾病，在尝试这些技术之前请先咨询医生。

把脸放入水中，坚持30秒。这会激活哺乳动物潜水反射——一种所有哺乳动物在脸部浸入冷水时会发生的自然反射，它会自动降低心率，从而向大脑发送信息，表明你的情绪并不像你想象的那么强烈。如果需要，可以重复几次。这样做不会消除你的情绪，但能降低情绪强度，足以让你在那个时刻做出更好的选择（比如使用STOP技能）。

I-剧烈运动（Intense Exercise）：这是一种对抗扰人心烦的想法的极好活动。比如可以进行一场爆发性的运动——慢跑中的短跑冲刺、平板支撑、举重，直到你无法再做下去，喘不过气来。侵入性的想法在你专注于剧烈运动时会显著减少。

P-调节呼吸（Paced Breathing）：当你注意到自己在焦虑时，这可能是一个很好的技能。目标是减慢你的呼吸。通过鼻子慢慢吸气，数四或五秒，然后呼气时更慢，数七或八秒。不用纠结于确切的呼吸次数——关键是呼气比吸气慢。你甚至不必数数；你可以对自己说："我慢慢吸气使自己平静下来，然后，我更慢地呼气保持平静。"练习这种呼吸约两分钟。

P-配对肌肉放松（Paired Muscle Relaxation）：这种练习与调节呼吸结合使用最有效。当你吸气时，绷紧身体所有肌肉；当你呼气时，放松所有肌肉。注意感觉如何。或者，你可以练习渐进式肌肉放松，每次只选择一组肌肉，比如大腿或二头肌，在吸气时绷紧几秒钟，然后在呼气时放松。你可以从一组肌肉进展到另一组，逐步扫描身体的每个部位，同时练习调节呼吸。

全然接纳

这个痛苦耐受技能非常强大。全然接纳（radical acceptance）是指体验和接受任何情况的现实就是它本来的样子，无论你喜欢与否，也无论你能否改变。通过不加评判地练习全然接纳，你有可能变得更有应对能力，也不那么容易受到强烈、持久的负面感受的伤害。全然接纳包括愿意接受情况就是这样，然后有效地做在该情况下需要做的事。

写下一个你目前难以接受的情况：

_____

当你拒绝接受现实就是那种情况时，你会出现什么情绪和行为？

_____

_____

这些情绪和行为与你的长期目标和价值观一致吗？如果接受情况的本来面目，会是什么样子：

_____

_____

如果你停止与现实作斗争，会出现什么？你注意到拒绝接受现实和接受现实之间有什么区别吗？

_____

_____

其他痛苦耐受技能

除了上述痛苦耐受技能外，还有一些其他技能，你也可以用来暂时缓解压力或避免让情况变得更糟。想一想现在正在给你造成痛苦的情况。在心中考虑那种情况，并想想如何应用以下技能来帮你应对它：

- **分散注意力**。你能通过参与更中性或愉快的活动（例如，投入爱好、锻炼、与朋友见面）来分散自己对情况的思考，而不是反复思考令人痛苦的情况吗？

> 为了分散你对令人痛苦的情况的注意力，你可以：
> _____

- **转移注意力**。转移注意力意味着通过诸如拼图、文字游戏或数字游戏等方式，让大脑从负面想法中转移出来。

> 为了转移注意力，你可以：
> _____

- **做点贡献或参与志愿服务**。你能"走出自己的头脑"，用为他人做点贡献，来替代让你的大脑陷入自己的困难中吗？

> 你可以：
> _____

- **引发不同的情绪**。你能有意地做一些唤起更快乐的情绪的事情（比如看搞笑视频或突然唱歌跳舞），来引导自己远离沮丧和无力吗？

你可以：

_____

• **使用强烈的感官刺激**。通过引入愉快的气味或味道（比如泡泡浴）来积极地吸引你的感官，可以很有效地度过困难时刻。

你可以：

_____

• **改善情况**。你能改善你所处的情况吗？答案几乎总是肯定的。如何做到呢？

你可以：

_____

• **使用想象力**。想象一个放松的场景浮现在眼前，或想象和原本与你有冲突的人成功和解了。

你可以：

_____

我也可以不内耗

- **创造意义或目标**。思考一下，这个令人感到压力的情况有没有给你的生活创造意义或目标——它是不是对你也有帮助？换句话说，你能为你的消极情况设想一个积极面吗？

> 你可以：
>
> _____

- **祈祷**。对一些人来说，向更崇高的力量祈祷可以减轻压力。如果这个选项对你也管用，你会如何用它来处理情况？

> 你可以：
>
> _____

- **练习放松**。你能练习某种形式的放松（深呼吸、泡温水澡、做轻柔瑜伽或拉伸），来缓解紧张吗？

> 你可以：
>
> _____

创建利弊分析清单

最后，你可以利用这个工具从不同角度分析情况：忍受痛苦的利弊和不忍受它的利弊。在创建这个清单时，请回忆过去没有忍受痛苦的后果是怎样的，同时也想象成功忍受当前痛苦并避免无益行为会有什么感觉。制作清单时也请牢记你的长期目标和价值观。

写下一个给你造成痛苦的情况：

_____

在缓解这种痛苦方面，你的长期目标是什么？

_____

忍受痛苦的好处	忍受痛苦的坏处

不忍受痛苦的好处	不忍受痛苦的坏处

我也可以不内耗

基于这份清单，并考虑到缓解痛苦的长期目标，你可以为更好地忍受这种令人痛苦的情况做出行动计划：

_____

_____

_____

○ 技能集 3：人际效能

人际效能技能旨在建立和维持积极的关系。通常，强烈的情绪反应可能会对你的人际关系产生负面影响。如果你注意到这种情况发生在你身上，这里有些想法可能可以帮上忙。你可能会想到一段重要的关系，想想它如何因你难以控制情绪而受影响。我们专注于三个目标：①达到你的目标；②维持健康关系；③维护你的自尊。

达到你的目标

得不到你想要的东西可能很痛苦，特别是当你觉得自己本来有权得到它时。有时，你会被阻止得到你想要的东西，而这可能会引发强烈的情绪，使关系恶化，甚至进一步减少你获得所求的机会。

写下一个你向某人提出请求的情况，这个请求在你看来是合理的：

_____

在这种情况下，你的目标是：

_____

假设某人的目标是在工作中得到加薪。在短期内，冲进老板的办公室，大声说出为什么自己应该被加薪，可能会感觉很爽，但这种行为可以换来加薪吗？或者，想象对你的父母大喊大叫，因为你觉得他们对你的兄弟姐妹比对你更好——让他们处于防御状态可能会起作用吗？能改善你与他们的关系吗？

你可以采取一种巧妙的方法来保持冷静，同时努力在任何场景中达成你的目标：

- 解释情况的事实（"老板，我在这个岗位上工作已经三年了"）。
- 表达你对此的感受（"我喜欢我的工作，并感觉自己在某些方面为公司做出了重大贡献"）。
- 清楚地表明你的请求（"基于这些成就，我请求加薪10%"）。
- 考虑对方同意你请求的好处（注意：这可能是这种方法中最重要的步骤！）。例如，"通过给我加薪，我将继续提高效率，对公司更忠诚，并愿意培训其他员工"。

在练习这项技能时，要记得你所请求的是什么，确信你的请求是合理的，最后，如果你的目标不能完全达成，也要准备好协商谈判（例如，10%的加薪做不到，8%也可以接受）。

如何使用这项技能来实现你前面确定的目标？写出那种情况的事实、你对它的感受、具体想要达成的目标，以及为什么这对对方也有好处。

_____

_____

_____

我也可以不内耗

维持健康关系

如果一段关系已经动荡不安、气氛紧张，双方渐行渐远，强烈的情绪会使情况变得更糟。你和你在乎的人的关系，是否也受到你强烈情绪的影响而疏远了？

如果是这样，使你的关系变健康的技巧是，避免任何形式的人身攻击；相反，试着以同理心和同情心处理这种情况，认识到另一个人在这种情况下与你一样也有情绪感受。试着表现出（或至少表现得像）对他们的观点感兴趣，并肯定他们的观点。然后温和地澄清氛围，强调这段关系对你很重要，并澄清你的目标是建立一种更有效的互动方式，以应对未来的冲突。

维护你的自尊

如果你不喜欢自己，感觉自己毫无价值或无关紧要，你可能会做一些与你的价值观不一致的事情，因为你认为自己活该经历一些坏事。我们强烈反对这种想法。每个人的价值都是平等的，你有与他人同等的权利来维护你的自尊。如果你在任何关系中所做的事情对你来说不合适，那么从根本上来说，这样做对另一个人来说也是不合适的。不要成为以牺牲自尊为代价的讨好者。

以下是在具有挑战性的关系中保护自尊的方法。

1. 你是否在一段关系中，做了不尊重你自己的价值观和立场的事情？写下来：

_____

2. 在与这个人的互动中，你没有维护哪些价值观？

_____

3. 在这段关系中，对你来说怎么做是正确的——能够维护你的自尊？

_____

_____

4. 对另一个人来说，怎么做是正确的，即维护了他们的权利和自尊？

_____

_____

5. 坚持你在步骤2中确定的价值观——你永远不需要为拥有你的价值观和观点而道歉。

6. 最后，说实话。不要撒谎或找借口。事实上，这样做会让你陷入与对方的不健康关系中，因为你没有尊重你自己的真实情况。

○ 技能集4：情绪调节

最后，我们来到DBT技能模块中的情绪调节——这本书关于扰人心烦的想法和激烈情绪的主要焦点。我们首先介绍的是其他DBT技能，这是因为强烈的情绪不仅影响你的情绪健康，也影响你的人际关系、你的行为、你的思维方式和你的自我认知。

你认为情绪在大脑中会持续多长时间？脑科学家发现，一种情绪的电化学事件持续时间不到90秒。但对我们来说，感觉一种情绪持续的时间肯定超过一分半钟，因为我们倾向于用重复且通常无益的想法和反刍来加强我们的情绪。不过，随着时间的推移，你可以运用一些DBT技能来改变自己的情绪。这些技能包括关注是什么行为和因素增加了扰你心烦的想法和情绪，然后练习使用有效的策略来减少这些行为和因素。更具体地说，因为DBT的情绪调节技能重点在于建立长期情绪健康的基础，你要定期做一些改善心情的事情，为可能影响你心情的困难情况做准备，并关注可能导致长期处于情绪心智的易感因素。

在我们更详细地介绍这些技能之前，请列出下面的清单，以备我们在讨论如何调节你的情绪时使用：

五种给你带来快乐的行为	五种让你陷入困境或使事情变得更糟的行为

当你感到沮丧时，你会不会倾向于放弃第一列中的行为，而做出第二列中的行为？

改善心情

你可以通过定期参与曾让你快乐的活动来改善心情。通常，当人们抑郁时，他们会放弃那些让他们快乐的事情，而继续做让他们保持抑郁的事情。看看你列出的带来快乐的行为清单——除了在生活中偶尔做这些事，你还会定期去做它们吗？如果没有，是什么阻碍了你做这些事？

另一种改善心情的方法是，在这些行为领域建立掌控力。比如，如果听音乐是你找到快乐的方式之一，那么你会不会考虑上音乐课来进一步享受这项活动？如果烹饪给你带来激情，你是否有兴趣参加烹饪课程，来提升你在这方面的能力？

预先应对

调节情绪的另一种方法是，为困难情况提前计划，我们称之为"预先应对"。如果你能预料到引发强烈负面情绪的情况（比如父母来访），预先应对技能可以让你为可能出错的事情做准备——为可能出现的你不想要的结果制订计划，然后反复排练，甚至可以与朋友角色扮演来排练预期的情况。如果你担心的情况没有出现，那当然很好；但如果出现了，至少你已经准备好应对了。

你在这里做的是，用处理"如果事情真的发生"的策略，来替代对"如果"的反刍。注意，预先应对也可以应用于强迫症和类似情况：为即将到来的事件制订一个计划，以抵制或限制强迫行为，然后当事件中出现触发因素时，你就实施该计划。

写下一个你担心的、即将发生的情况：

_____

现在，想象在那个事件中发生了你最不想遇到的情况，并制订一个计划来应对它。如果可以的话，与你信任的人一起排练你的计划。

处理易感因素

如果负面情绪正在干扰你在生活中享受积极事物，是时候看看是哪些易感因素导致了这些情绪的持续，并想办法减少这些易感因素了。

身体疾病　最常见的易感因素之一是身体疾病。如果你有像偏头痛、鼻窦感染、糖尿病或高血压这样的医疗状况，它们可能使情绪调节更加困难。为了缓解这种困难，你可以更加注意身体健康。

如果你有健康问题，请在这里写下：

_____

你可以寻求医疗帮助的医院是：

_____

承诺在这个日期之前挂号预约医生讨论你的担忧：

_____

屏幕时间　屏幕时间是易感因素。过长时间使用屏幕可能会影响睡眠质量，花时间在社交媒体上可能会给一些人带来情绪困扰。

你在屏幕上花了多少时间？

_____

你会考虑在电子设备上下载一个跟踪应用，来统计你的屏幕时间吗？

_____

如果某些应用让你对自己感觉更糟，为什么你还继续使用它们？

_____

_____

食物 另一个易感因素是我们与食物的关系。我们可能吃得太多或太少，我们可能会成为"饿怒"的受害者——饥饿时感到愤怒或变得易怒。关注食物不仅仅是关注吃的数量和某些食物让我们感觉如何。这个技巧是，注意你什么时候吃、吃什么、吃多少，看看这对你的心情有什么影响；此外，如果你知道某些食物会让你感到暴躁，就要远离它们。我们摄入内部的食物确实会影响外部的表现。

药物 我们还希望你注意你正在服用的任何药物（无论是处方药还是非处方药）对你心情的影响。一种药物不影响你朋友的心情，并不意味着它也不会影响你的。要意识到各种化学物质对你的影响。如果处方药物正在对你的心情产生负面影响，就和给你开这个处方的医生讨论能否更换它。

如果某种特定药物影响你的心情，在这里写下它：

_____

当你服用这种药物时，短期效果是：

_____

长期效果是：

_____

睡眠 我们并不总能意识到睡眠对我们心情的影响，然而没有足够的睡眠，很少有人能在情绪上保持最佳状态。如果睡眠对你来说是个问题，想想你可以控制的因素，比如：上床的时间，房间里是否有太强的光线或太多设备让你难以入睡，房间的温度，以及你是否在睡前吃了东

我也可以不内耗

西或吃了药。对这些元素进行调整，看看你的睡眠质量是否改善；如果没有，你可能需要和医生讨论使用睡眠辅助工具。

> 如果你没有获得优质睡眠，记录这对你的影响。
> 当我睡得太少时，我感觉：
>
> _____
>
> 当我睡得太多时，我感觉：
>
> _____

运动 最后，定期运动对情绪调节的重要性再怎么强调都不为过。研究已经证明，定期运动对健康的所有方面都有益处，然而许多人觉得他们没有时间将其纳入日常生活中。即使小的改变也能有所帮助，比如在停车场把车停得更远一些以便多走一点路，或者走楼梯而不是乘电梯。

相反的行动

DBT中还有最后一个我们想讨论的重要情绪调节技能：相反的行动，或不同的行动。它的原理是这样的：当一种强烈的情绪激活你做一些无益或无效的事情时，就做相反的事情。这可能听起来类似于ERP，因为两种方法都要求你练习做一些与你一直以来条件反射般所做行为和所持信念不同的事情。当你感到悲伤时，你的模式可能是孤立自己，待在床上，不去锻炼。相反的行动建议你出去与其他人在一起，并强迫自己活动起来。这样可以用更有帮助的行为来对抗无益的习惯。

然而，我们也要提出警告：如果情绪或冲动是合理的，也就是说，如果它符合事实，就不要采取相反的行动了。例如，如果你站在火车轨道上，一列火车正在接近，恐惧是正当的，你应该迅速离开轨道而不用跳下去。但同时，如果你因为害怕被拒绝，而避免申请你想要做且够格的工作，那你的恐惧就是不合理的了，你可以采取相反的行动，也就是去申请。

让我们想出几个不同的、相反的行动来应用到你的日常生活中，可以遵循相同的公式——填写一种情绪、你对那种情绪的常规行为反应，然后是你可以尝试的相反的行为：

当我感到＿＿＿＿＿＿＿＿时，我倾向于＿＿＿＿＿＿＿＿；

相反，我可以＿＿＿＿＿＿＿＿＿＿＿＿＿＿＿＿＿＿。

当我感到＿＿＿＿＿＿＿＿时，我倾向于＿＿＿＿＿＿＿＿；

相反，我可以＿＿＿＿＿＿＿＿＿＿＿＿＿＿＿＿＿＿。

当我感到＿＿＿＿＿＿＿＿时，我倾向于＿＿＿＿＿＿＿＿；

相反，我可以＿＿＿＿＿＿＿＿＿＿＿＿＿＿＿＿＿＿。

小结

现在，你对各种ERP和DBT技能有了广泛的了解，我们建议你根据需要经常回来翻翻这两章，直到这些技能对你来说变得自然而然就能使用。这一章涵盖了相当多的内容，包括DBT的4个核心技能集（正念、痛苦耐受、人际效能和情绪调节）以及若干个别技能（如STOP、TIPP和相反的行动）。希望你现在对ERP和DBT的全部内容有了扎实的认识。下一步是将它们结合在一起。

第5章 将ERP和DBT结合起来

有时，ERP和DBT似乎来自相反的角度。ERP有意增加与扰人心烦的想法和感受的接触，而DBT有意减轻想法和感受的强度。事实上，这两种方法相辅相成，因为它们有一个相同的最终目标：减少由想法和情绪引起的不必要的痛苦。你有能力从改变行为和观点中学习新东西，它们则利用了你的这种能力，使你更有效地应对生活中的挑战。尽管ERP可能更常与克服扰人心烦的想法、减少强迫行为相关，而DBT可能更常与处理困难情绪、做出明智决定相关，但这两种形式的认知行为疗法共享着一些重要的核心概念。

正念

将自己置于意识的观察者的位置，也就是见证想法和感受的出现，而不是认同或与这些想法和感受融为一体——这是正念（mindfulness）概念的核心所在。在一个时刻，你要么是清醒/觉知的，要么是失去意识/沉浸在故事中的。正念是一种能力，可以区分你现在正在体验的事物和被心理叙事带着走的状态。

你现在就可以很容易地成为这方面的见证者，只需将注意力集中在你的脚上。将你的心思指向你脚底的感觉。你注意到了什么？也许是压力？刺痛？也许根本没有感觉？做得好——你刚刚与一种体验建立了联系。

现在，花点时间思考这本书，想想它的内容是否真的能帮到你。想想这本书可能存在什么问题，让它不适合你。想想你可能面临什么问题，导致你不太能接受书中的内容。花些时间在你的脑海中徘徊，寻找答案。

好了，现在回到你眼前的这些文字。观察脚的"体验"和在头脑中漫无目的地走神时所形成的"故事"有什么不同吗？注意到这种区别是正念的关键。冥想（和各种各样的冥想类练习）就是在简单地练习这种意识，方式就是发现我们何时迷失在故事中，并将注意力转到当下的体验中。

正念必然涉及 ERP，正如 ERP 必然涉及正念。这可能不是很直观，因为人们有时会说他们"做"暴露或他们"做"正念，来处理扰人心烦的想法和感受。但事实上，意识到一个侵入性的想法（"如果我是一个糟糕的家长怎么办？如果我得了重病怎么办？如果我不小心伤害了某人怎么办？"），然后在不先做强迫行为的情况下，将你的注意力带回到当下的体验，这已经是一种暴露（ERP 中的 E）了！如果你真的坐下来，反刍你不想要的想法，弄清楚它并保证你的恐惧是不真实的，那会怎样？如果你只是注意到想去分析它的冲动，但放下了它呢？后者就是令人印象深刻的暴露治疗了。

我们可能将"正念"这个词与试图保持冷静联系在一起，但那只是因为，当我们不正念而是迷失在故事中时，我们正处于最焦虑的状态。实际上，**正念与保持冷静关系不大，而与保持"在场"（present）有关。**如果你有效地进行 ERP，你首先要做的就是，在扰你心烦的想法和感受出现时保持在场，并见证你与它们的关系如何随时间推移而变化。正如我们前面所讨论的，这种变化可能是习惯化（痛苦减少）或抑制性学习

（逃避痛苦的压力减少）。如果你尝试没有正念的ERP，你只会得到反刍和绝望。

例如，使用ERP来克服对粪便污染的恐惧时，一种显而易见的暴露是触摸马桶的外部，而一个显而易见的反应预防是抵制洗手。但在暴露和反应预防之间会发生什么？你感到痛苦（焦虑、厌恶、脏等）。如果你在这个空间中保持正念，你会体验到痛苦，并见证你与它的关系如何演变。如果你不保持正念，而是花时间试图说服自己暴露不会伤害你，试图弄清粪便分子有多大可能落在你的皮肤上，并幻想着什么时候可以洗手并感到干净（顺便说一下，这些都是故事、故事，还是故事），那么ERP不太可能有效。你所学到的只是你已经知道的：你不喜欢那种感觉。换句话说，你必须在场进行暴露，而不是迷失在故事中。

再次强调，正念地进行ERP是注意到污染的感觉并允许它存在。你还可以允许其余的体验存在（房间里的声音，脸周围空气的温度，当你走向下一个活动时脚与地面接触的感觉）。你可以进一步允许自己保持对关于污染的想法和感受的觉察，而不把全部注意力都放在它们那里。

这就是DBT对困难的暴露非常有帮助的地方。DBT背后的基本指示是：退后一步，看看当下真正发生了什么，然后相应地计划你的下一步行动。通过将情绪调节与批判性思维（批评性思维是明智的、方法性的，而不是自我批评！）相结合，DBT邀请你来到当下并观察当下。我们把感受调整到一个更容易承受，但仍然能够触及的状态，然后我们可以成为更好的观察者。我们跳出故事，停止惩罚自己（或在某些情况下是伤害自己），这样我们就可以成为更好的观察者。

接受不确定性

我们假设你经常敏锐地意识到自己有不想要的想法和感受，因此你不得不花相当多时间转移注意力。如果有人一遍又一遍地问你同一个问题，问到某个时候，你就会干脆不再回答，把他们当作一个需要避开的干扰源，对吧？你可能会发现自己在一天中注意到并避开了许多想法。也许你有一个主要的强迫观念，它最难被放下（比如，有个侵入性想法反复出现，它要你对不小心闯了红灯负责），但你在一天里可能也有很多其他随机出现的想法，这些想法也是你不想要的，并且你可以轻松地把它们忽略掉。这表明，**你不是不善于接受不确定性，而是难以将此应用于特定的强迫观念。**

每当我们有任何一种扰人心烦的想法，并选择不沉溺其中时，我们本质上就是在接受不确定性。它可能并不总让人感觉像是不确定性，但它确实是。当你读到这里时，你其实正在接受不确定性，你脚下的地面可能会突然裂开一个天坑并吞噬你——现在这个想法已经被放进了你的头脑，你实际上正在通过继续阅读这些文字来接受不确定性。你感觉很容易继续读下去，对吧？因为你没有对被天坑吞噬的强迫观念。

另一个你可能需要考虑的领域是：有意识地关注身体感受，并了解这种感受与陷入情绪中的区别。接受关于天坑的不确定性很容易，因为你感到安全并相信这种安全感，即使在思考天坑时也是如此。但在实际的强迫观念中，你的感受可能会欺骗你，让你认为你不安全，无法信任你的直觉，而必须做些事情来确定你不会被吞噬到地下。

花点时间想想，生活中你能畅通无阻地接受不确定性的那些事情。例如，如果你喜欢开车，那么你其实接受了你可能因为什么事而出车祸的不确定性；如果你刚吃了一顿饭，你是在接受你吃的东西可能会让你生病的不确定性。在这里写下一些你接受了不确定性的例子：

_____

_____

_____

强迫行为是减少痛苦的策略，它的办法是试图确认想法的内容。例如，你可能过度担心自己伤害了别人的感受，所以即使他们已经向你保证一切都好，你还是会再次给他们发消息，寻求保证。当你收到回复说"不，我根本没有被冒犯，我们一切都好"时，这让你感到更确定——你没有做错事。

强迫行为的目标是通过试图确认不想要的体验来消除它们，这是一种"绕过"接受不确定性的方式，因为你对不确定性的容忍度可能很低。然而，应对和调节技能的目标是让你保持"在体验中"，而不是解离，或伤害自己或他人。通过ERP，我们进行实验，试图学会我们可以处理不确定性（即使是关于非常可怕的事情），并且明白关于可怕事情的"想法"本身并无害处。当我们引入DBT技能时，我们也在试图学会，我们能够处理关于我们感受的不确定性，无论它们会持续多长时间，无论我们是否愿意体验它们；我们学到，所有的感受都是暂时的。

心理灵活性

在经典的美剧《火线》（*The Wire*）中有一个令人难忘的场景：一个特别冷酷、精明的罪犯在从商店偷东西后，被一名保安拦住了。保安尽可能礼貌地请罪犯不要如此肆无忌惮地无视法律。罪犯回答说："你希望它按某种方式发生。但它实际上按另一种方式发生了。"虽然编剧可能并没打算让这个紧张的时刻成为心理灵活性的一课，但这些话完美地捕捉到了这个概念。

我们想要事情按一种方式发展，有时甚至非常强烈地期望它们就该如此，于是当发现它们实际按另一种方式发展时，我们会本能地抗拒。我们变得回避、沮丧，甚至固执己见。"我不应该有这些想法和感受！我应该有一些其他的体验，而不是这个！"我们倾向于相信我们能控制生活中发生的事情——我们把自己想象成自己生活的作者，我们的生活就是我们的自传。但当我们面对自己不想要的想法和感受时，我们被提醒了：我们不是作者。我们是读者。

在ERP中，我们有意做一些困难的事情，我们有意朝着相反的方向前进，远离回避、过度寻求保证和其他强迫行为。我们这样做是因为，心理僵化是痛苦的根源，或者说，我们在面对触发性想法和感受时难以转向使用新技能，这是痛苦的根源。ERP拉伸头脑中僵硬的部分，就像在健身房拉伸一样，它可能会不舒服，但最终会减少以后受到更痛苦的伤害的可能性。

DBT也教授心理灵活性。辩证法的概念本身——两种对立力量占据同一空间——就需要心理灵活性。理解这一点的最简单方法是看看"但是"（but）陈述和"并且"（and）陈述之间的区别。任何与父母、伴侣或其他亲人有复杂关系的人都很清楚这一点。你爱那个人，"但是"你对他生气。你的愤怒使你难以继续感觉你爱他们，因为现在你必须处理他们的不当行为或不当话语给你带来的愤怒。考虑一下，正念地观察到你爱这个人"并且"你对他们生气，会是什么样子。

选择

强迫行为是在决策后做出的。我们感觉必须这么做，因为它们是由一些信念驱动的，这些信念关乎我们自己和我们能忍受什么。但所有强迫行为都始于选择，也能以选择结束。在边缘型人格障碍和相关障碍中，冲动或其他有问题的行为可能感觉不像是选择，例如突如其来、势不可挡的打墙冲动。冲动行为当然可能在痛苦的潮水中悄然出现，但接下来，有意识地观察冲动状态，并有意识地利用技能，以智慧心智的方式减少那种类型的痛苦，就是另一种选择了。

回想第4章中"智慧心智"的概念。在这里，"智慧"意味着采取平衡、深思熟虑的方式看待你的体验，以有意选择有效的行为。DBT识别了四种应对痛苦情况的选择：①解决问题；②改变你对问题的看法；③彻底接受情况；④保持痛苦。保持痛苦听起来不像是什么选择，但它仍然是一个选择。当然，还有一个选择是把问题变得更糟。

我们并不是说，抵制强迫行为或找到明智的方法来应对痛苦的情绪很容易。事实上，这些是我们必须做出的最困难的选择。一个人如果有担心自己会伤害孩子的强迫性想法（新妈妈经常有这种强迫症状），她自然会说："我就是控制不住地担心，停不下来。"这种没有选择的感觉，是"被迫"做出所有强迫行为（如回避和过度寻求保证）的基础。

在DBT和ERP中，我们不鼓励人们说自己"不能"做有益或治疗性的事情（包括暴露），而是试图合作找出方法，重新认识到"我选择回避是因为它带给我的感觉"。回想DBT的基本概念，我们必须首先接受体验，然后才能清楚如何改变它。

真诚连接

循证治疗有时在心理治疗界的名声不好，因为表面上看，它们似乎过于公式化了。ERP和DBT手册都充满了良好但公式化的逐步指南，来帮你克服困扰。别找了，你现在就在读这样一本书！ERP和DBT都喜欢工作表。填写这个，写下那个，然后安排这个，计划那个，记录它，报告它，跟踪它，告诉你的治疗师，并练习它。但是，没有书（即使是这本）能完美替代治疗，因为治疗是一种关系。它是一种有特定界限和内在协议的关系，这些界限和协议在伦理上保护了治疗过程的有效性。它不是社交环境中的友谊，尽管在它最有效的时候，它由所有与社交友谊相同的特征（相互尊重、共同兴趣、希望对方摆脱痛苦而充满喜悦）驱动。它不是浪漫关系，尽管在它最有效的时候，它的特征确实也有亲密、共同的脆弱和对对方真诚的爱。

ERP和DBT都涉及治疗师的故事讲述和战略性自我表露。患有强迫症和相关障碍的人，经常因为觉得自己的想法和行为不可接受或令人尴尬，而背负很多羞愧感。想要克服这种羞愧并鼓起勇气面对让你害怕的事情，在治疗关系中建立信任至关重要。患有BPD和相关障碍的人往往经历过背叛，或对他人的期待落空。他们经常不被认可，因为其他人似乎不理解他们为什么如此难过或如此担心被拒绝。知道自己正在与一个真实的人一起工作，给他们创造了一个机会，来尝试在一种矫正性的关系中建立信任。如果你没有确诊以上任何心理问题，但有其中的某些特征（比如难以应对你的想法和感受），上述所有内容仍然适用。

你可能在没有接受治疗的情况下阅读这本书，但真诚连接的概念仍然适用。在这种情况下，**作为自助读者，你正在与自己形成真诚的连接，并借助这本书的指导来增强这种连接。**

自我关怀

我们之前讨论过关于ERP和DBT的一些误解。ERP经常被错误地与折磨或自我虐待联系在一起，好像它是一种不友善或非人性化的治疗形式。DBT则经常被误认为是纵容的或居高临下的，好像它告诉人们如何管理基本的人类体验——只要"正常化"就好了。但如果有一个概念将ERP和DBT结合在一起，那起作用的就是自我关怀，那种与自己建立真正连接的关怀。

循证心理治疗旨在回答一个问题：什么会有帮助？通过将症状和特征组织成可识别的诊断，具有共同特征的不同人群可以报告特定干预是否真正减少了他们的痛苦。即使不符合我们所提及的病症标准，结合使用ERP和DBT工具也能对所有与想法和感受作斗争的人有帮助。关怀是对任何人都有益的东西。关怀被定义为共情（能够感受他人的感受）加上减少痛苦的愿望：没有这种愿望的共情，只是不断被周围人的痛苦困扰；没有共情的愿望，只是盲目猜测什么可能帮助某人，而没有与他们及他们正在体验的事情有任何真正的连接。见证自己的痛苦就是对自己共情；而减少痛苦的愿望就是想象一个更安全、更快乐版本的自己，然后为之努力。两者结合起来就是自我关怀。

ERP需要自我关怀。咬牙坚持、握紧拳头强行度过暴露练习，只能教会你通过硬撑来完成困难的事情，而不是真正驾驭它们。自我关怀的方法要求你在暴露中保持在场，看到人类体验痛苦的普遍性，并决定通过抵制导致你痛苦的行为来善待自己。

ERP可能涉及一种坚韧的自我关怀，就像一个好教练在足球场上提供的那种（"你可以做到这一点，现在加把劲儿！"）；而DBT在情况失控时提供了一种保护性拥抱。换句话说，当痛苦的情绪变得如此强烈，以至于开始引发自我厌恶和不明智的逃避时，DBT技能帮助你后退一步，重新与你的智慧心智连接。DBT技能不会像强迫行为那样通过提供保证或回避来附和你，如果应用得当，它能帮助你继续应对困境。

此外，尽管DBT可能是帮助你在思想充斥着空虚、困惑和想要自毁时照顾自己的首选工具，但这并非终点。毕竟，是某些因素让你的情况升级到需要使用DBT技能的地步，所以对其进行细致的暴露，是最勇敢的自我关怀策略。

超越诊断看自己

大多数因心理健康问题寻求帮助的人在处理扰人心烦的想法和情绪

调节方面都有一些困难。自我污名化通常是直接寻求ERP和DBT帮助的最大障碍。

理解OCD和BPD等障碍的方法之一是，考虑当每种情况在你生活中出现时，你真正的感受是什么。对于大多数OCD或相关障碍患者来说，感觉就像一直在做错事。好像每个人都知道如何正常呼吸，但你似乎做不到，总是感到呼吸困难。你知道应该以另一种方式呼吸以获得更多氧气，但你总是搞砸，这让你筋疲力尽。你不知道如何做别人似乎轻易做到的事，并很容易因此而责备自己。

如果你也有一种人格障碍，比如BPD，你可能会觉得，你正在以任何理智的人都会使用的方式呼吸，这也是唯一合理的方式：吸气和呼气；但问题出在空气本身。这就像试图在空气不足的星球上生存，如果世界能让空气变得更容易被呼吸，你就会好起来。你能以某种方式生存下来，但这并不公平，令人筋疲力尽。

哪种情况更糟？认为你不会呼吸还是认为空气不足？这两种情况都令人恐惧。这就是为什么不能说那些有人格障碍的人是抱怨者，而那些有其他心理健康状况的人是受害者。两者都在尽自己最大的努力。

像OCD这样的心理障碍诊断属于一种生物-心理-社会情况。这意味着你出生时就有一种遗传或家族倾向，这并不是你的错，然后你试图带着这种状况应对世界，导致你认识到你的想法是危险的，你必须依赖强迫行为来生存——这仍不是你的错。

像BPD这样的人格障碍，是你为应对自己的体验而发展出的一系列特质，只是这些特质随着时间推移变得过于具体或僵化，使你难以适应环境的变化。比如，如果你信任的人一再否定你的感觉，会导致你僵化地认为人际关系本质上是危险的、不可靠的。你相信无论做什么都注定被拒绝，可能导致你强迫性地努力在关系中获得确定性。这可能会表现为推开他人或制造冲突以促使自己被拒绝，这些行为只是为了尽快结束这种状态。把一个在关系稳定性上挣扎的人评判为"难相处"或"边缘型"（贬义）很容易，但实际上，这些人只是在尝试呼吸。

小结

你已经吸收了很多信息！如果看起来有很多事情需要记住，不要担心，这里不会有考试的。接下来的一部分，将是一系列关于与扰人心烦的想法和激烈情绪作斗争的人的故事。有些人先用了ERP，然后发现是DBT帮助他们取得成功，而有些人则使用DBT来达到ERP可以带来的效果。他们每个人就像你一样，必须挨个排除干预中的故障，以找到最有效的解决方案。

最后，如果你感到挣扎或者失去希望，那么你可能会被困在试图让一种干预"对你有用"的情况下，哪怕另一种干预可能更有效。或者，你可能正在采用对你最有效的干预，但缺少一两个微小但重要的调整，这些调整可以带来真正天翻地覆的变化。在本书的下一部分中，我们将帮你定义和澄清这些调整。

第二部分
应对复杂的
体验和状况

在这本书的第一部分，我们探讨了当想法形成条件反射时，它是如何导致痛苦情绪的。我们还探讨了不同的情绪如何反过来加强那些最初让我们误入歧途的想法。比如：

- 你认为自己可能接触了带有杀虫剂的东西，然后开始担心把它传给了你的孩子。你变得焦虑，但你告诉自己，为这么小而不可能发生的事情担心太愚蠢了。随后，你又为自己的焦虑感到羞愧，于是你开始批评自己怎么会这么软弱。但你仍然在担心自己可能会毒害孩子，所以你躲着你的孩子。然后你开始憎恨自己。

- 工作中与同事的互动让你感觉不舒服。你开始反复思考自己是不是说了什么不合适的话。你真的开始紧张了。然后，你反复思考为什么这个人让你紧张，并开始评判他们是不是表现得比自己更聪明、更好。然后你开始对他们感到愤怒，转而对自己如此挑剔别人感到愤怒。当你想到自己可能会失去理智，唯一想做的事就是用拳头打穿一堵墙时，你的愤怒进一步升级了。

这样的反馈循环在我们前面讨论过的每一种诊断中都以类似的方式存在着，在非临床范畴的日常生活中也是如此。想法和情绪以很多方式交织在一起，但我们如何看待它们、如何行动会产生巨大的影响。想法和情绪会影响我们的行为，但有了正确的工具，我们就可以战略性地修正自己的行为，来改变想法和情绪影响我们的方式。为此，我们重点介绍的工具是认知行为干预，尤其是暴露反应预防（ERP）和辩证行为疗法（DBT）。

在接下来的章节中，我们将讨论一系列常见困惑，当人们试图同时驾驭扰人心烦的想法和痛苦的情绪时，常常会面临这些困惑。那些已经熟悉应对侵入性想法和恐惧的人，可能会采用认知干预和基于暴露的干预方法。但那些难以调节激烈的内部状态（难以承受自己的想法和感受）的人，也可能从基于DBT的干预中受益。那些更熟悉DBT式应对策略的人，可能会享受减少自我憎恨、降低情绪混乱强度的好处，但随后会发现，扰人心烦的强迫思维仍然存在、需要解决。

暴露和DBT策略有时似乎在说不同的事情，也难怪这时你会因此感到沮丧。暴露策略可能强调放弃分析、继续前进，而不是先试图弄清楚你的恐惧是否真实。但DBT策略处理你对恐惧的感觉时，可能会鼓励你去寻找支持或反对的证据。因此，本书的这一部分旨在阐明ERP和DBT在哪些方面可以共同使用，来实现最有效的最佳结果。即便某个章节可能并不直接适用于你自己面临的挑战，但探索这些概念、评估它们可以如何帮助你，仍然是有用的。

第6章　应对策略 vs. 强迫行为

如果你熟悉用ERP来面对恐惧，你可能已经明白，取得进展的关键是学会在不做强迫行为的情况下面对痛苦。不过这可能也会带来一些困惑，比如你到底应该忍受多少痛苦，以及哪些是你"被允许"做的事情，哪些又"不被允许"。有时，正在进行暴露练习的人会把应对痛苦和强迫行为混为一谈，所以让我们进一步澄清这一点。

强迫行为是一种逃避不确定性的策略。它让你更确认你的恐惧并不真实，以此来减轻痛苦。比如，如果你有关于性取向的侵入性想法，并向亲人寻求保证，确认你不会被"错误"的对象吸引，这就是一种强迫行为，因为它试图消除你对恐惧内容的不确定性。相比之下，应对策略并不试图这样做，虽然应对也可能有助于缓解痛苦。比如，针对上述情况，在面对性取向相关的侵入性想法时，深呼吸并告诉自己："哎呀，这感觉挺不舒服的。行，我能应付；回到被触发前我在做的事情上吧。"注意，这种方式并不试图处理想法的内容，也不试图消除不确定性。它只是处理痛苦，让你能够继续承受不确定性。

简单来说，强迫行为关乎逃避，而应对策略关乎导航。强迫行为想让你远离痛苦，所以试图确定想法的内容。应对策略则让你能够更好地处理痛苦，而不在意这些侵入性想法的内容。冥想和运动之类的活动也可以减轻痛苦，但它们更像是应对策略（除非你害怕无法保持正念或对健身存在强迫）。

让我们看看格拉迪斯（Gladys）的案例：

格拉迪斯是一位25岁的年轻女性，最近在一家会计师事务所开始了她梦想中的工作。她在一个小城镇长大，上的是小型学院，但来到了一个大城市工作。她的父亲容易焦虑，很担心她在大城市的生活。当格拉迪斯租了一套价格实惠的公寓，但公寓在他认为危险的城区时，他的担忧更加严重了。因为格拉迪斯从未在大城市生活过，在小城镇时也没有锁门的习惯，所以她确保租的公寓在高层，并在公寓安装了额外的安保设施，包括门铃摄像头和三重门锁。

　　搬进去后不久，格拉迪斯开始反复检查门是不是锁好了。每次检查时，她都告诉自己她已经检查过了，她知道自己检查过了，但当她准备离开去坐地铁时，她又开始担心有人会闯入偷她的东西，或者在她回来时埋伏着等她。她担心如果没有完全确定门已锁好，那么被抢劫或被伤害就是她自己的错了。她努力平衡着这种检查门锁的强烈强迫冲动与去工作的重要性，并且认识到需要应对这种痛苦了。

　　在她尝试使用DBT应对技能，尤其是痛苦耐受这一技能时，她陷入了困境，感觉不检查门锁就像是自己屈服了，并且活该遇上什么不好的事情。最终，每天早上，她都无法抗拒这种冲动，转身回去再检查一次；她差点就迟到了，这又让她担心所有人都会认为她工作不称职。

不必遵从那些无益的强迫行为

在行为治疗领域，有几个核心原则，包括：

- 心理问题部分源于错误或无益的思维方式。在格拉迪斯的案例中，她关于可能没锁门以及可能发生可怕事情的想法就属于这类。

- 心理问题部分源于学习到的无益行为模式。在这个案例中，格拉迪斯曾经反复被告知：世界很危险，必须确保她自己的安全。

- 像格拉迪斯这样被困扰着的人，可以学习用更好的方式来应对困难情况，从而缓解症状，并更自在地生活。

然而，有时这些原则似乎会相互冲突。DBT的应对技能可能会干扰ERP所要求的暴露任务。ERP中的"暴露"部分指的是接触那些令你焦虑并导致你产生强迫行为的想法、恐惧和情境，而"反应预防"部分则意味着，在恐惧或强迫观念被触发时，选择不进行强迫行为。但当一个人产生恐惧时，DBT会问：这种恐惧是合理的还是不合理的？如果情况符合事实，那就是合理的；如果不符合事实，就是不合理的。（稍后，你可以按照一个步骤指南来核对事实。）

如果恐惧确实是合理的，那你就应该避免那种情况。比如，害怕横穿繁忙的高速公路是合理的，因为你很可能会被车撞到，所以最好避免。然而，如果恐惧是不合理的，DBT会建议你说："我的恐惧是不合理的，所以我不需要按照冲动去逃开或回避。"在格拉迪斯的案例中，她对忘记锁门的恐惧是不合理的，所以我们建议她忍受痛苦并抵制检查门锁的冲动。

在DBT中，如果恐惧是不合理的，就去面对它，如果恐惧是合理的，就避免那种情况，然而在ERP中，你就要暴露于恐惧，好像它就是合理的一样。你可能会在这儿感到困惑：到底是应该避免思考一个情况，还是暴露于那个情况？这真是个好问题，而答案是两者都要做，不过要用正念的方式。对体验保持开放，如实接纳它本来的样子（正念），体会一下那是什么感觉（暴露），不要试图修正它（反应预防），然后继续前进来解决它（辩证法）。又是那个棘手的技能——正念。它是一个既有助于ERP又有助于DBT的技能，所以我们强烈建议你练习它。

技巧性应对

按典型的发展历程来看，随着年龄增长，我们在身体、情绪、认知和心理能力等所有方面都变得更加有技巧。否则，我们就没法离开家了。我们并非生来就先天具备技能"软件包"，面对生活的复杂技能（比如情绪调节技能）是需要我们后天去学习的。即使你学会了如何调节情绪，当生活变得压力重重时，你仍然可能做出不太有技巧的行为。即使是情绪健康的人，在感到不堪重负时，也可能会捶墙、酗酒或者否认（也就是无视）危险行为（比如不安全性行为、超速驾驶或过度服用药物）的可能后果。捶墙、酗酒和否认都不是技巧性应对（skillful coping）策略，即使它们暂时能产生效果。

"技巧性应对"是摆脱重复行为、无效行动、反刍和其他心理仪式的最有效方式。比如对格拉迪斯来说，安排一个朋友接她去上班，就是一个技巧性应对机制，因为这会让她把注意力放在优先考虑他人时间而不是自己的财物上——她的价值观就是这样。换句话说，她将没法继续回去检查门锁，因为这样做会让朋友等待，而她会为此感到内疚；不仅如此，优先考虑朋友的时间本身就是对她的恐惧的一种暴露！

需要注意的是，格拉迪斯在采用了有效的应对策略后，不应该再通过某种行为来补偿（compensate），否则会让原来的强迫行为持续存在。比如，如果格拉迪斯比平常更早起床，以便有足够的时间重复检查门锁，这就破坏了技巧性应对的目的。如果她用这种方式来补偿以维持强迫性的检查行为，可能会带来其他后果，比如对她的睡眠、精力产生不利影响，还继续认可了她不合理的恐惧。

强迫行为是披着羊皮的狼

我们使用"强迫行为"（compulsing）这个词来表示持续重复执行某个行为，而这个行为并不能带来功能性或明确的回报。强迫行为旨在创造确定性，可令人沮丧的是，我们实际上无法真正获得确定性。强迫行为可能会让扰人心烦的想法和相关的不愉快感暂时消失，甚至产生确定性的错觉，但这种体验是暂时的，最终你的大脑会获得信号，认为强迫行为是必要的、你的恐惧一定是合理的，从而使强迫循环永久持续下去。

然而，对外部观察者来说，强迫行为可能看起来是适应性的。有污染强迫症的人会过度洗手，来控制他们对细菌的恐惧，这种行为显然是不适应的。但想想一个有洗手强迫症的外科医生。在这里，洗手显然是一个适当的术前程序，可以确保无菌环境；然而同时，外科医生的过度洗手可能也是一种减轻强迫困扰的方式。关键是，**某些极端和重复的行**

为可能不是强迫行为，仅仅观察某人在做那个行为，并不足以判断它到底是不是强迫性的。外科医生当然应该继续洗手，但也应该在工作之外处理强迫（如果它造成了痛苦的话）。

许多人都熟悉爱因斯坦的名言："疯狂就是每次都做同样的事，却期待不一样的结果。"这句话很机智，对科学实验也很适用，但我们并不完全同意！在某些情况下，一遍又一遍地做同样的事情并期待不同的结果，恰恰是理智的。想象一个孩子通过反复练习同样的动作来学习骑自行车，直到他能保持平衡不摔倒；这同样适用于一个厨师反复练习烧同一道菜直到做得色香味俱全为止。所以我们对爱因斯坦这句话的修正是：如果你是在学习过程中，尝试同样的事情是有意义的；但是，如果重复尝试同样的事情让你陷入痛苦，那么你可能要尝试一些不同的方法。

看看这些应对行为与强迫行为的例子，确定你的行为属于哪一类。

强迫行为	应对行为
重复行为直到获得确定性或感觉"刚刚好"，以至于影响其他该做的事	接受你已经尽力了，虽然确定性是理想的，但你可以容忍一些不确定性以便承担你的责任
用过度专注于任务填满所有空闲时间，以缓解没做好某事的痛苦	在生活的其他领域建立掌控力，比如学习绘画、新运动或乐器
因为害怕没做完美某事而逃避其他责任或拖延任务	允许自己注意到生活中令你满足的部分，而不仅是令你痛苦的部分

新技能：核对事实

在深入研究DBT的核对事实（check the facts）技能之前，有强迫症和相关疾病的人可能会好奇，"核对事实"是否与强迫性反刍或试图确定你的强迫是否"真实"（true）不同。这里有两个用以区分的建议。首先，你得知道，核对事实区分的是已知、可观察的事物，和假设、推理中的事物。比如，你能知道你现在感到疲倦，这一点也可以从身体感觉中体验到、从镜子中观察到；但"疲倦意味着生病"，这就是一种假设了，你可能还会推理这种病会毁了你的生活。就像《王牌播音员》（*Anchorman：The Legend of Ron Burgundy*）中朗·伯甘蒂（Ron Burgundy）说的那样，"那升级得也太快了！"核对事实不是分辨真假，也不是试图确定你找到了正确答案。其次，想想我们在上表中描述的，强迫行为反反复复、耗时巨大，还要以牺牲你的责任和价值观为代价。所以，你确实要核对事实，但要注意，在允许自己做出选择并继续前进之前，你花在核对事实上的时间有多少，你能在多大程度上接受观察到的事实，以及你有多依赖这个技能。

○ 想法不是事实

认识到"想法不一定是事实"可能很困难，特别是当你处于激烈的情绪中时。但认识到事实和观点之间的区别，可以防止你以自我毁灭的方式行事。如果你认为某人要攻击你——仅仅是一个想法，没有证据证明其真实性，然后你就去打那个人，这显然可能导致严重后果。

如何核对事实

第1步：承认你的大脑就是会产生很多想法。告诉自己："我的大脑会产生想法。"

我也可以不内耗

第2步：意识到不是每个想法都是真的，即使我们相信它是。有些想法可能是事实（我考试得了D），但其他的不一定是（我很蠢）。前者是观察，后者是假设或者价值判断。

第3步：基于具体证据来确定一个陈述是事实还是观点——这种证据对客观观察者来说是显而易见的。如果你说"这块砖头长15厘米"，其他人会根据他们的观察得出相同的结论。如果你说"这是一块应该扔进垃圾堆的讨厌砖头"，这就是一个观点了，虽然其他人可能得出相同的结论，但他们也可能不会，因为这个陈述是主观的。

第4步：将非事实的想法标记为观点或假设。

总之，当你做出某些类型的陈述时，检查每个陈述到底是事实还是观点（记住，事实必须包含实际的、可验证的证据）。

还有一类问题：你所相信的陈述是否仅仅是一种偏好（preference）——在各种选择之间，对特定选择的主观判断。例如，在"巧克力冰激凌比香草冰激凌好得多"中，冰激凌的存在是一个事实，认为它很糟糕是一个观点，但你喜欢一种口味胜过另一种则是偏好。以下是一些陈述的示例：

- 我没有朋友。
- 没有人喜欢我。
- 我不配得到晋升。
- 我会考试不及格。
- 我喜欢艺术课而不是数学。
- 我身高1.5米。
- 我超重了。

- 我的眼睛是蓝色的。

- 我的眼睛很丑。

- 我喜欢棕色眼睛的人。

- 我是单身。

- 我将永远单身。

- 我在工作中表现糟糕。

- 乔恩和布莱斯很聪明。

现在，列出你经常做出的陈述，并确定它们属于哪个类别吧，可以按照给出的例子来进行：

陈述	事实	观点	偏好
我很蠢	×	√	×

核对事实还有另一种方式，就是简单地向其他人核实。如果你认为"没有人喜欢我"，那就问20个人他们是否喜欢你。你可能会发现你的想法确有其事，但我们从未遇到过一个人真的是这样的。也就是说，这些想法当然会让人感觉它们是真的，而拥有这种感觉确实很糟糕。

○ 改变自我批评的陈述

当人们把想法误认为事实时，通常会产生强烈的情绪。回到你在上表中做出的陈述，选出一个自我批评的陈述。然后考虑：

1. 当你有那个想法时，你体验到了什么情绪？

2. 你想改变那种情绪吗？

3. 什么事件或互动引发了那种情绪？

4. 描述导致了那个想法的、你通过感官观察到的事实（记住，事实需要客观证据）。调动你的感官：你看到、闻到、尝到、听到或触摸到了什么？

5. 将判断标记为判断，注意非黑即白的描述。

6. 你对发生的事情有什么解释、假设和结论？

7. 对该事件是否还有其他可能的解释？

8. 基于客观证据检验你的解释和假设，看看它们是否符合事实。

9. 与你的情绪反应相匹配的，到底是情况的事实，还是你对情况的假设和解释？

10. 最后，如果你考虑采取的行动与有实际证据支持的事实相符，那它们与你的长期目标一致吗？

你用了哪些无效的、强迫性的办法？

_____

_____

你有哪些技巧性应对方式?

_____

_____

在更有用的应对技能中,你觉得哪些技能对你的体验特别有益或有价值?

_____

_____

有哪些扰你心烦的强迫体验是需要你勇于面对并抵制的(你会从中受益)?

_____

_____

哪些想法和感受可能会导致你采取无效的、不适应的或不明智的行为,所以你最好把注意力从它们上面转开?

_____

_____

我也可以不内耗

第7章　与想法和情绪交锋 vs. 升级自身痛苦

　　扎卡里（Zachary）是个34岁的商人，在离当地小学一条街的办公楼里工作。他每天早上开车经过学校时，都能看到孩子们正从校车上下来。几周前，他看最喜欢的警匪剧时，剧中有一个角色因性侵儿童被逮捕了。第二天早上他再按常规路线上班时，一看到孩子们到校，就想起了剧中的那个角色。他立刻感到焦虑，对自己在看到孩子时竟然想到恋童癖者感到厌恶。这会不会意味着他有什么毛病呢？如果他失控对孩子做了什么怎么办？

　　他开始选择一条更长、更不方便的路线去上班，以避免看到孩子，希望这样就能避免产生扰人心烦的想法。他也不再看那个最喜欢的电视节目了，因为它也会触发这些想法。他开始花费好多个小时在网上研究这两个东西的区别：是正常的侵入性想法，还是可能成为危险人物的迹象？幸运的是，他的强迫性研究让他找到了一个网站，解释说他的担忧可能是由强迫症引起的，是可以治疗的。

　　他开始看心理治疗师，治疗师给他布置了一些暴露和反应预防练习，比如确保开车经过学校，并且停止回避他不想要的触发性想法。虽然有些暴露练习相对容易忍受，但他仍然经常在产生那些想法时被逼得恐慌流泪。比起过度寻求保证，他反而会刻意把这些想法变得更极端、更令人不安，以证明他不喜欢这些想法，他还会反复告诉自己他可能是个恋童癖。他有时会情绪激动到开始呼吸急促、捶打自己。

扎卡里显然过得很艰难。虽然他很庆幸能给自己的烦恼贴上一个诊断名称（强迫症），但伤害儿童的禁忌想法和随之而来的破坏性、灾难性想法正在给他造成巨大的痛苦。他的治疗师明智地指示他不要回避触发物（记住，回避只会教会大脑触发物是危险的），但扎卡里需要在接近触发物时，不会完全失控以致忘记治疗目标。

当他暴露于他的恐惧时，他当然会感到不舒服。但如果他坚持暴露，他最终会学会：扰他心烦的想法只是垃圾邮件，不需要特别关注。然而，当他仍处于暴露的不舒服阶段时，如果他开始进行心理仪式、自我批评或其他让痛苦过度升级的行为，他就无法保持足够的在场（present），来真正体会到他可以忍受这种不适。这真是个想法和感受的陷阱啊！

我们希望扎卡里能技巧性地应对他的想法和情绪（通过暴露于让他害怕的事物），但我们不希望他的痛苦升级到只能专注于自我厌恶或自残的程度，这样他就没有精力克服他的强迫症了。

设置强度适中的挑战

就扎卡里的想法而言，他会受益于改变他的回避行为、去做那些持续带来扰人心烦的想法的事情——走常规路线上班、看那个电视节目，即使他知道它们可能会触发想法。他甚至可能受益于做一些想象暴露，比如写一个故事，把自己描述成一个伤害儿童的人。意识到自己的认知扭曲也很重要，比如灾难化思维、放大了想法的重要性。

花点时间考虑那些让你陷入回避的想法。只是思考这些触发物就改变了你的身体感觉，这是怎么发生的呢？在应对这些想法时，你会体验到一些焦虑，并且想要重新教导你的大脑"你不需要对那种焦虑做出强迫反应"，就像扎卡里一样。除了消除回避这个强迫行为之外，不再花精力去分析、理解这些想法也是有益的——这就是ERP中的"反应预防"。思考一下，你可能用了哪些心理行为来强迫性地分析或者过度寻求保证，以摆脱那些扰你心烦的想法。

扎卡里的强迫症已经让他形成了条件反射，即通过回避和分析来保证自己和他人安全，所以改变这种条件会在头脑中遇到一些阻力。同样地，你的行为也让你的大脑形成了条件反射，即回避那些感觉不安全的事物；当然了，你自然能想到，你的大脑抵制改变。这是好事！如果我们的大脑太容易相信某件事是安全的，我们就会做出一些愚蠢的决定。通过与扰你心烦的想法接触，并向大脑展示你可以在没有回避和分析的情况下应对它们的存在，你就可以逐渐将恐惧学习转变为安全学习。

虽然挑战自己去变得更好是勇敢且明智的，但你需要有技巧地应对扰你心烦的想法和情绪，让它们的强度达到一个你能应付的水平，而不至于失去你的目标。我们具体说的是哪些技能呢？

- 实景暴露于触发物附近；
- 通过想象暴露来面对恐惧；
- 识别并摒弃反刍和其他心理仪式；
- 识别并摒弃认知扭曲。

你可以怎样使用ERP原则来技巧性地应对扰你心烦的想法和情绪？

_____

_____

_____

避免过火

扎卡里在克服他的强迫症时犯了一些策略性错误。首先也是最重要的是，他把他的暴露当作了一种测试形式，试图让自己尽可能害怕，来证明他讨厌自己的这些想法。虽然调高火候可能有用，但没人喜欢"过火"。让自己达到完全不知所措的程度，会妨碍你清晰地看待这些想法、驾驭它们因条件反射而带来的痛苦。

扎卡里在这里犯的另一个战术错误是，告诉自己他"可能"是个恋童癖。一开始，这看起来也许是个好的暴露想法，但加入"可能"这个词会带来判断和分析。最终结果是，他只感到厌恶自己，而不能够接受不确定性。**接受不确定性并不意味着假设最坏的情况，它只是意味着放下对可能性的分析和试图确定。**

最后，在极度痛苦的时候，扎卡里打了自己，这不仅是适应不良、可能有危险的，而且对治疗毫无帮助。ERP当然可能让人感到害怕，但这样的行为最终会使ERP变得只会带来折磨却起不到效果。

我也可以不内耗

当你暴露于扰你心烦的想法时，你想了什么、做了什么，或者跟自己说了什么，使它们变得如此难以忍受，以至于你无法真正从中学习了？

_____

_____

_____

当痛苦太强烈时

当痛苦被升级到让你完全不知所措、无法正念地关注你的暴露时，DBT的痛苦耐受和情绪调节技能可以用来降低它的强度，以免你转向完全回避或其他强迫行为。

如果你在ERP中感觉自己要完全失控了，你可以通过正念觉察练习把自己拉回来。如果事情已经升级到无法产生积极效果的程度，是会有一些明确迹象的，包括产生强烈的自我厌恶感、人格解体或解离（感觉好像你不再存在了，或你不在自己的身体里了）以及体验到伤害自己或他人的冲动。在这种情况下，对与想法相关的身体感觉进行正念可能会有帮助。以下练习就是一种方法，可以记录你身体里发生的事情，而不屈服于无益或有害的行为。

练习：身体觉察

这个练习分为3个部分，每部分5分钟，总共15分钟。你将依次关注下半身、上半身，然后是头部。首先，舒适地坐在椅子上，双脚平放在地板上。最好选择一个安静、不太可能被打扰的地方。做这个练习时，睁眼或闭眼都可以，但如果睁眼会分心，就闭上眼睛；如果闭眼会打瞌睡，就睁开眼睛。将手机计时器设置为5分钟间隔提醒，这样你就能专注于练习而不是想着看时间。

第1部分：觉察下半身（5分钟）

坐在椅子上，注意你的脚放在地面上的感觉。（小提示：穿袜子或赤脚会比穿鞋提供更好的反馈。）从关注脚趾开始，然后是脚掌，一直到脚踝。将觉察移到小腿，膝盖，然后是大腿。感受大腿以及臀部与椅子接触的感觉。注意下半身的每个部位的感觉。你的脚是否疲倦或酸痛？它们是否引发什么想法？当你的注意力从一个身体部位移动到另一个部位时，慢慢吸气和呼气。

第2部分：觉察上半身（5分钟）

将手放在腹部。注意身体内外的感觉。你能感觉到肠子蠕动吗？你感觉饿吗？当你注意到焦虑时，会觉得心里七上八下吗？将注意力移到下背部。注意它靠在椅背上的感觉。你有紧张或背痛吗？当你的注意力从上半身的一个部位移动到另一个部位时，慢慢吸气和呼气。如果你注意到饥饿或背部紧张，只需注意它们——此刻你不需要对这些感觉做任何事情。如果你的心思分散了，轻轻地把注意力带回来。接下来，将觉察移到胸部和上背部；同样，当你的注意力从上半身的一个部位移动到另一个部位时，慢慢吸气和呼气。继续注意感觉和想法。你可能会意识到你的呼吸，你可以给它的深浅做个标记。你可能会注意到你的心跳——它可能在扑通扑通地跳，可能快一点或慢一点。标记出现的所有想法和感觉。

现在将觉察带到手臂。把手从腹部移到大腿上。从指尖开始，扫描你的手指，手背，手掌。你的手是张开的还是紧握的？继续这种练习，向上经过前臂，肘部，二头肌，三头肌和肩膀。当你的注意在每个身体部位时，都要慢慢吸气和呼气。

第3部分：觉察头部（5分钟）

将注意力从肩膀转移到脖子。这些区域经常因压力而紧张。你注意到肌肉有紧张感吗？你的肩膀和脖子是放松的吗？慢慢吸气，慢慢呼气。在这样的练习中强调呼吸，是因为对许多有压力的人来说，放慢呼吸能让头脑慢下来。

现在将注意力移动到你的头部。注意你的下颌，下巴，嘴巴，鼻子，眼睛和耳朵。你注意到任何身体感觉或紧张感吗（特别是在下巴区域）？注意你的整个头部感觉如何。你有头痛吗？有些人持续性地感到轻微头痛，但他们已经习以为常，几乎注意不到。现在注意你的想法。你的心思是否开始游走或感到担忧？如果是，轻轻地把注意力带回到身体扫描中。

最后一步是可选项——持续写身体觉察练习日记，以便更好地洞察你使用DBT和ERP后的身体感受。例如，你可能注意到身体某些部位的紧张感是你以前没有注意到的，或者你可能发现，定期运动或运用放松技巧能降低你整体的压力和担忧水平。

与你的想法和情绪交锋（engage），意味着用一种有效、有教育意义的方式来挑战让你害怕的事物。升级（escalate）你的痛苦，意味着刻意让你的想法和情绪变得难以忍受，以至于你只能专注于逃避它们。有效地克服它们，需要在它们存在时保持在场，并做出不同的反应，所以，把事情升级到超出可忍受范围的程度时，你是没法完成这项工作的。

你能在自己的挣扎中识别出交锋和升级之间的区别吗？

_____

_____

_____

当进行ERP时，你什么时候可以使用正念技能来让自己从不知所措中走出来？

_____

_____

我也可以不内耗

第8章　接纳扰人心烦的想法vs.相信虚假信念

　　马克是一位29岁的作家，他最近投出的手稿被退回了，附带着一张简单的便条，上面说出版社只接受约稿。他立刻产生了自我批评的想法："我真是蠢啊，居然以为会有人想看我写的东西。我不适合当作家。"然后他开始怀疑自己是否应该在手稿里使用牛津逗号，这种担忧开始折磨他，并时不时侵入他的头脑。他被诊断为强迫症，这让他意识到，强迫思考牛津逗号这件事很危险。现在，他想再次通读整本手稿来分析标点符号的使用。

不真实的信念

　　现如今，我们很难分清该相信什么或相信谁。"假新闻"（fake news）指的是完全不真实、只包含部分真相或可被证明是错误的信息，这个概念也可以应用于大脑的运作方式。问题在于，"假新闻"往往是非常可信的——就本书而言，与其说它们是来自外部的假新闻、不实信息和扰你心烦的想法，不如说它们更多是你自己大脑内部产生的想法。

　　在进一步展开讨论之前，让我们先回顾一个历史小插曲。1897年5月，马克·吐温正在伦敦进行巡回演讲时，美国传出他病重并去世的消息。有两句话被认为是他的回应："关于我死亡的报道实属夸大其词"和"坊间流传的我的死讯严重失实"。实际上这两句话都不是马克·吐温说的。在给一位记者的信中，吐温写道："我完全理解病危传闻的来由，甚至听闻有可靠消息称我已辞世。（我的表亲）抱恙，但现已康复。我的病危传闻正是源于此事，至于死讯之说——纯属谣诼过甚。"

要弄清实际发生的事情需要花点功夫研究，而且说实话，当时大家几乎没有理由质疑这个消息，特别是当这些引述听起来的确很像马克·吐温的风格时。这种情况一直在发生：我们听到某个外部新闻或者听到某个内在想法，就立即把它当作了真相。

这个信息曲解的例子和措辞有关；然而，我们在日常生活中能看到，不真实的信念会产生重大影响。你可能还记得2016年埃德加·麦迪森·韦尔奇（Edgar Maddison Welch）的案子，他相信从一个阴谋论电台节目中听到的故事，说某个著名政治家在华盛顿特区一家比萨店的地下室虐待儿童。尽管他的朋友们和其他人都告诉他这不是真的，他还是相信了这个虚假的故事。于是他带着武器来到比萨店，结果发现根本没有儿童被虐待；事实上，这家餐厅甚至没有地下室。但这个错误的信念已经植入他的脑中，他相信并采取了行动，这可能会造成的悲剧性后果比他自己被逮捕和监禁更严重。

回到本章开头马克的例子，他陷入了强迫性思维——重复、持续且扰人心烦的想法，这些想法具有侵入性并会引起痛苦或焦虑。马克不仅在过分批评、评判自己，相信那个不真实的故事——他的手稿因为没有使用牛津逗号而未被审阅，而且他还有可能把这些想法牢牢植入头脑，最终它们成长得根深蒂固、令人衰弱。

是的，马克确实收到了一些不想要的消息——出版社不接受非约稿，但他的大脑把这个信息转化成了对自己的批评，现在他有了一个侵入性想法，即他的作品仅仅因为逗号用得不对就不值得读。

有趣的是，研究表明，我们大多数人都会体验侵入性想法。即使是那些没有焦虑或其他心理健康问题的人也会有这样的想法，比如把车开向迎面而来的车流、伤害所爱的人、患上绝症、听从冲动做一些可耻的事情，或者在公共场合大声说出猥亵的话。

有焦虑症的人和没有焦虑症的人在处理侵入性想法时，区别在于评估这些想法的方式。如果你有强迫症或临床焦虑症，你更可能会判定这些侵入性想法是不好的、不道德的或具有破坏性的。当你这样判断或解释这些想法时，通常情绪反应会被引发，告诉你："嘿，这是一个重要的想法。"然后，这会进一步让你的大脑关注这个想法，于是就形成了一个恶性循环。

如果你有强迫症或相关症状，你更可能会花更多时间思考这些想法的后果和影响，然后采取措施来防止某些可怕的结果发生。你可能会感到一种道德上的紧迫感：必须处理这些想法。**那些没有焦虑症的人会怎么做呢？他们往往会把这些想法当作奇怪的想法屏蔽掉，让它们过去，然后继续做他们正在做的事情。**

那么，如果我们理解了沉溺于不真实的信念是徒劳的，学会接受不想要的想法，生活不就会容易得多吗？我们该如何做到这一点呢？可以从区分不想要的想法和错误的信念（当然有时它们会有重叠）开始。让我们从马克的例子开始。他想："我真是蠢啊，居然以为会有人想看我写的东西。我不适合当作家。"让这个想法在他脑海中一遍又一遍地播放，会使它成为一个不想要的想法，但它是不是真实的呢？

要回答这个问题，我们得详细看看马克的思维过程。首先，他把自己的"愚蠢"建立在出版社没有接受他的非约稿件这个事实上。然后，他得出结论：仅仅是这家出版社不接受，就意味着没有人会想读他的作品。接下来，马克相信这一切意味着他不适合当作家。当然，手稿被退回而没有被阅读会令人失望，但马克对此的想法根本就不是真实的。事实上，基于事实得出的唯一结论是：这家出版社不接受非约稿件。马克的想法是一个不真实的信念。

这里有一些我们能听到的常见陈述：

- "我不能告诉别人真相，因为他们会评判我。"
- "如果我亲近别人，我就会破坏这段关系，我经常因此受伤。"
- "人都是不值得信任的，正因为如此，他们都会背叛我。"
- "我不能追求我想要的东西，因为我不知道如果被拒绝该怎么办，或者如果我先被接受然后又搞砸了该怎么办。"
- "如果有人不送我生日卡片，就意味着他们不在乎我。"

你有哪些不真实的信念？在这里写下几个：

_____

_____

所有这些陈述都基于以往的一些经历——它们并非凭空而来。但当你有这些类型的想法时，你通常会把过去的一次经历拿来，得出结论说所有未来的经历都会有相同的结果。所以，哪怕不真实的信念往往源于过去的某些经历，而且通常有一些证据支持你的结论，但当你陷入我们在第3章介绍的认知扭曲"过度概括"时，你会从一个过去的事件中得出结论，然后错误地把它应用到所有类似的事件中。

马克对他的退稿事件过度概括了。你能想到一些你过度概括的情况吗？

这就是我们希望你使用正念评估技能来观察想法、描述想法，然后确定它是否代表真相的地方。要练习这一点，你可以使用记事卡或笔记软件来记录一些自动出现的想法，从而确定你什么时候在进行过度概括。通过捕捉这些自动出现的、通常是消极的想法，你能够认识到，支持它们的证据很少，或者根本没有证据，然后你就能将这些想法标记为不真实的。

然而，假设你确实有证据证明某件事在事实上是真实的，比如，如果马克反复被告知他的写作不好，他需要在写作上做更多的工作，他应该上写作课，那么他确实有一些证据表明他对自己的看法是准确的。但这并不意味着他没有天赋，也没有机会成为一个作家。如果你在关系中经历过反复的失败，那么你可能确实需要一些帮助来理清这个问题，但在一次约会失败后就得出结论，认定你在所有关系中都很糟糕，这就是一个不真实的信念。

不想要的想法

马克担心他目前的经历会让他重新陷入以前与强迫症的斗争。他注意到这样一个想法反复出现，即他的手稿被拒绝是因为他没有使用特定类型的逗号，并且有要回去检查所有逗号的冲动。现在这个想法一直在重复："这不完美；如果我要成功成为一个作家，我的逗号必须完美。"

这种想法毫无用处，只会困扰我们。然而，无论我们多么努力，仅靠知道这些想法是无用的，并不能让它们结束。它们侵入头脑，留在那里，反复出现。有些人被它们折磨得如此深重，以至于无法做到不扭曲地评估事物。

有种办法可以处理这些想法，就是关注是什么事件和推论导致了这些想法。对马克来说，导致想法的是他感知到自己的创作成果被拒绝。所以他的任务是，让自己沉到这些想法之下，认识到与他感知到被拒绝相关的情绪，如实接受与其推论不同的情况，然后允许自己感受导致这些扰人心烦的想法的情绪，这样情绪的强度就会降低。更具体地说，我们希望他注意到，"愿意（willingness）去感受导致扰人心烦的想法的情绪"这一技能会让情绪平静下来，然后反过来会使这些想法变得不那么嚣张。换句话说，在其潜在情绪的背景下接受扰人心烦的想法，会减轻这些想法的影响。

在继续讨论如何处理不想要的想法之前，我们再简单岔开一下话题。亚里士多德被认为说过"大自然厌恶真空"（nature abhors a vacuum）；这意味着，未被填充的空间违反了自然和物理定律，每个空间都需要被某些东西填充。类似地，大脑似乎也不喜欢没有想法。花一分钟观察现在你脑子里发生的一切。你的大脑很可能充满了想法，有些与你现在正在做的事情有关，有些似乎完全无关。头脑生来就要充满想法，如果你有一些想法是你不想要的、重复的、引起痛苦的，要认识到，与只是专注于这些想法相比，如果你有技巧地关注其他焦点会怎样。

以这种方式转移你的注意力就是一种行为上的改变。当人们改变行为时，他们的想法也会改变。所以增加认知元素——直接针对你的想法，是一个强大的改变工具。

我也可以不内耗

这是理论上的情况，那在现实中会是什么样子呢？让我们回到马克的例子，他首先需要看到他的痛苦状态源于他的想法——没用牛津逗号使他的手稿不被接受。然后他需要认识到并接受这个想法是不理性的，挑战自己不要去相信它，并用更准确或更有帮助的想法来替代它，比如"不是每个人都使用牛津逗号，如果它确实很重要，编辑会发现的"。

正念技能帮助我们识别导致痛苦的思维模式。**没有正念觉察，想法就会有自己的生命，让我们得出一些根本不正确的推论。**正念关怀（mindful compassion，或"正念慈悲"）是意识到那些我们不想要的想法，接受我们有那些想法，然后在不做评判的情况下，愿意挑战它们。不想要的想法包括不配得、失败、悲伤、依附和执着的感觉。自我关怀就是正念地转化你的想法来自我认可、自我疗愈。

这没法在一夜之间发生。重新训练你的思维需要稳定、耐心和反复的努力。你不能指望绕着街区跑一圈就能训练出跑马拉松的能力，而是要开始定期跑步，慢慢锻炼你的腿部肌肉，就像"神经可塑性"（neuroplasticity，在新的学习或经历中，大脑形成和重组脑细胞之间连接的能力）的力量那样，慢慢但稳定地训练或重新训练大脑，使其以不同的方式思考。正如跑步一样，不是每个想法都让人感觉良好，所以有时挑战自己的想法会显得很机械。这没关系。重要的是，你要温和地、反复地接触更有益的想法，以减轻你的痛苦。

不确定性和不真实性

如果我们的大脑能创造词语，那我们也能！处理扰人心烦的想法的一个关键因素是接受不确定性。如果你有社交焦虑，担心别人可能会负面评价你，接受这个不确定性对你来说可能是难以承受的。如果你有边缘型人格障碍，那你几乎不可能接受"别人可能会拒绝你"的不确定性。因此，认知行为治疗通常强调接受不确定性，即使它们也采用认知干预来帮你客观地权衡事物是否真的值得担心。

任何以"也许"开头的句子都是客观真实的——确实如此，但未必很可能发生，也不一定值得关注。"今天也许会下雨"，这是一个客观真实的陈述。"太阳今天也许会爆炸"，仍然是客观真实的，但这是一个违背我们所知的一切物理学知识的异常说法，所以最好忽略它。在ERP中，我们积极尝试与使我们害怕的事物对抗，这些事物带给我们不确定性（我们不知道）和疑虑（我们知道但并不完全确信）。但这并不意味着，那些显然不是基于任何合理真实假设的事情也需要我们去相信。

例如，一个关于你可能撞到了某人的侵入性想法可能会让你有开车回去检查的冲动，即使没有任何证据表明你真的撞到了什么。选择不回去意味着接受不确定性，"也许"你在不知情的情况下，真的以某种方式撞到了人，而"缺乏证据"只是某种奇怪的错觉。是的，也许你撞到了什么（就像也许太阳今天会爆炸一样），但允许这种可能性存在并不等于它就是真相。而且花一整天称自己是杀人犯不一定是最好的干预手段，即使这看起来像是ERP所说的暴露。更好的策略是，对你无法确定的恐惧不再抵抗，继续你的生活，就像你不是杀人犯那样。你不是通过反复让自己确信你的清白来做到这一点（那会像检查一样具有强迫性），而是通过真正地迈进并重新投入当下，同时为不舒服的感受留出空间来做到的。接受不确定性并不意味着假设你是不好的。

现在，轮到你了。

你在哪些情况下可以努力接受一个扰你心烦的想法？

_____

_____

_____

有哪些有用的、可供学习或替代的想法或行动项目可以替代扰你心烦的想法？

_____

_____

_____

列出4个你的不真实信念（没有事实证据支持的想法）：

_____

_____

_____

_____

列出一些挑战这些不真实想法的事实：

_____

_____

_____

第9章 分心技术 vs. 回避困难

黛西蕾（Desiree）真的想克服对血源性疾病的恐惧。自从她开始回避任何可能沾有哪怕一个血液分子的东西以来，她发现自己几乎在回避一切东西。如果她不得不触摸某个触发物，比如垃圾箱（可能会有人把创可贴扔在那里！），她就会咬紧牙关，试图通过回忆最喜欢的歌曲歌词来转移自己的注意力。然后她会仔细回想去洗澡的路上可能接触过的所有东西，以便洗完后可以回去对家里任何触发她恐惧的东西进行消毒，或避免接触它们。

在她努力运用ERP时，她发现一些事情即使听起来很容易，也很快让她不知所措。然后她会因为自己的软弱而生气。这有时会升级到说自己愚蠢至极、毫无价值，她只是在房子里来回踱步，辱骂自己，满心希望自己从未出生，直到最后崩溃痛哭，而没有投入到暴露练习中。

不必沉溺

在应对扰人心烦的想法上，我们曾经认为，"思维阻断"（thought-stopping）或者说字面意义上的试图阻止自己体验想法，能起作用。具体策略有很多，从弹一下手腕上的橡皮筋，到想象一个停止标志。我们现在明白，过分努力避免去想扰人心烦的想法只会让它们变得更嚣张。现在试着不要想一头粉红色的大象，你就会明白了。更有趣的是，事实证明，**大脑并不怎么擅长减少或删除想法，只擅长增加想法**。所以，努力进行思维阻断，往往只会让扰人心烦的想法增加得更加猛烈！如果你正与一些想法作斗争，可能会有善意的朋友甚至治疗师来告诉你，只要停止想它们就好了，但说起来容易做起来难。

然而，即使对如何回应想法有了更深的理解，我们有时也会矫枉过正，把不再思维阻断和沉溺于扰人心烦的想法混为一谈。在暴露练习中，正念地关注想法和感受当然是技巧性的做法，但过分关注已经失控的想法和感受也可能变成问题，尤其是如果你容易出现情绪失调的话。

这里需要区分的是"意识到你在想什么"和"迷失在想法中"的差别。迷失在想法中就是完全认同你头脑中的故事，而没有意识到它们只是故事。当你做梦时，梦里的一切似乎都很有道理，即使你正骑着一只山羊在多年前倒闭的商场里飞行。当你醒来意识到你刚才在做梦时，你就会纳闷儿那种感觉怎么会那么真实。大多数时候，至少在我们清醒时，我们能够意识到自己被想法吞噬了，在或积极或消极的白日梦中飘飘然了。有些人更容易沉浸在他们的故事中，可能不得不特意把注意力从想法上转移开。如果你的头脑告诉你要伤害自己，而你的身体告诉你事情已经完全失控了，那么再密切关注这些想法和冲动可能是不明智的。你可能会被卷入如梦般的故事中，迷失在情节里。在这些情况下，最好暂时分散注意力，等事情缓和下来后再审视自己。

技巧性地分散注意力

在暴露治疗中，如果目的是拓宽注意力焦点，分心也可以是一种策略性手段。举个例子，如果你正在暴露于污染物，警惕地关注着你的手在哪里、在触碰什么，这时试图去想你最喜欢的电影，可能会把你从完整的暴露体验中拉出来，削弱暴露治疗的完整性；但如果持续反刍你触碰了什么、接下来要触碰什么，同样也会让你脱离这个体验，偏离治疗本质。

为了通过暴露有效地面对扰你心烦的想法，你需要全身心地投入到当下体验中。暴露的同时还幻想着不在暴露中，这是行不通的。你可以开放地关注房间里发生的其他事情，因为你仍然在那里体验着。如果你愿意，只要同时保持对关于污染的想法和感受的一定觉察，你甚至可以和某人聊天。

最后，分散注意力有助于脱离反刍和其他心理仪式。反刍时，你可能会陷入试图弄清楚"暴露是否安全""想法是否可接受"的认知旋涡。你可能会反复过度寻求关于这个想法的保证，在心里默念或计数，或以其他方式分析这个想法。换句话说，试图在头脑中获得确定性，可能和洗手一样具有强迫性。所以，观看你最喜欢的电影并真的把注意力放在它上面，能够打断你记忆接触污染物体的顺序。事实上，**允许自己分心可能就是暴露训练**！在你把过度警觉作为一种安全策略时尤其如此。

○ 再次探讨自我协调和自我失谐的想法

在讨论分心与回避的区别时，另一个需要做出的重要区分是自我协调的想法和自我失谐的想法。正如第1章所解释的，自我失谐的想法与我们假定的自我不一致，我们不明白为什么会有这些想法，还发现它们具有侵入性且与看似合理的想法不一致。从某种意义上说，认识到你正在经历侵入性的自我失谐的想法，表明有一个理性的头脑在观察发生的事情，并做出了警觉的反应。

　　相反，自我协调的想法与我们的自我感觉一致，对我们来说有意义，甚至是智慧的，即使它们非常黑暗，可能导致不健康的或有害的行为。自我协调的想法也可能是你不想要的（它们让你不开心，你希望它们不在那里），但它们不具有侵入性（考虑到你此刻的感受，你期待它们会出现）。如果你有自我厌恶的想法或关于伤害自己（或他人）的想法，并且认为这些想法似乎很有道理，那就表明你用来区分有帮助和无帮助想法的"镜头"可能受损了。透过清晰的镜头，我们通常可以看到事物的本来面目，但当头脑被扰人心烦的想法和强烈的情绪搞得一团乱时，它会削弱我们保持客观的能力。换句话说，最好不要继续关注有害的自我协调的想法，因为它们可能会在你甚至没有意识到的情况下导致你做出不明智的行为。

　　所以，当我们理性地知道暴露会使自我失谐的想法变得更易忍受、更不具威胁性时，我们就不会想通过分散注意力来回避它们了。这正是暴露疗法的基础（尽管在某些暴露中，适当调整注意力焦点仍可能产生积极作用）。但我们也不会想继续与一些自我协调的想法保持融合，尤其是那些可能导致我们对自己和他人不好的，或以与我们价值观不一致的方式行事的想法。这里有一个表格帮助你识别有用和无益的分心的区别：

无益的分心	有用的分心
在有意识地对恐惧进行暴露时，试图不感受扰人心烦的感受，或试图不产生扰人心烦的想法	当关于自我厌恶或自我伤害的自我协调的想法太嚣张，以致你无法清晰思考时，把你的注意力放在其他话题上
用无意识的任务填满每一个空闲时刻，以避免在想法和感受出现时保持在场	当你试图抵制心理仪式时，给你的大脑一些其他事情做
因为害怕无法完美完成而回避或拖延任务	允许自己在感到痛苦时注意到不同的领域，而不是只关注使你痛苦的事情
做些分散注意力的活动，即便这些活动除了麻痹自己之外没有任何价值	做些分散注意力的活动——它们给你的体验增添意义，且与你的价值观一致

花点时间回想一个往往会给你带来痛苦的、你不想要的想法。
你用了什么无益的方式从这个想法中分散注意力？

_____

_____

_____

有什么技巧性的方式可以让你从这个想法中分散注意力？

_____

_____

_____

你如何确定无益的分心和技巧性地分散注意力之间的区别？

_____

_____

_____

在那些有用的分散注意力的办法中，哪些是特别滋养你，或能为你的体验增添价值的？

_____

_____

_____

有哪些扰你心烦的想法和感受，是你最好直接面对，而不要分散注意力的？

_____

_____

_____

哪些想法和感受常常导致你做出无益的或不明智的行为，所以你最好分散注意力？

_____

_____

_____

第10章　设法解决羞耻vs.为羞耻所劫持

斯蒂芬妮（Stephanie）今年30岁，已经十年没约会的她决定重新开始和人约会。在大学期间，她想要一段关系，可男人们只想要一夜情，这让她感到失望和受伤。她工作中的朋友们鼓励她使用约会软件，尽管她最初持怀疑态度，但她还是决定尝试一下。她知道一些朋友在软件上有过糟糕的经历，但很多人也告诉她，即使约会没有发展成亲密关系，他们仍然玩得很开心。

她最大的担忧是，她认为男人不值得信任。她过去信任过一些人，但他们对她并不友善。她的一个叔叔对她有不恰当的行为，虽然她没觉得受到了虐待，但在她开始发育后，那个叔叔的许多行为让她感到不舒服，比如评论她的身体，抱她抱得太紧，用手指梳理她的头发，告诉她她会让某个男人很幸福。她对他的行为感到恶心，也告诉了父母，但父母说她小题大做了。她开始对自己产生负面想法，包括相信她一定给了叔叔潜意识暗示来邀请他这么做，她一定是个"荡妇"。她唯一能倾诉的人是一位她深爱的姨妈，但姨妈在斯蒂芬妮15岁时去世了。

约会对她来说一直很困难。从青春期开始，她就为自己的身体感到羞耻，开始穿宽松的毛衣来遮盖身材。她不在乎在夏天穿它们有多热，她只是不想让任何人评论她的身体。当她所有的朋友都开始约会时，她也非常想约会，但她拒绝脱下宽松的衣服，也拒绝打理她的头发。她的想法是，如果她看起来好看，那么男人就会奉承她，试图以此操纵她进入性关系，就像她叔叔做的那样。她一遍又一遍地告诉自己，男人根本不能信。

大学毕业后，她本来考虑过重新开始约会，但这一切在感恩节家庭聚会上再次见到叔叔时戛然而止。当他恶心地赞美她的外表还对她笑时，童年的记忆如潮水般涌来，随之而来的是一连串负面的自我想法。

尽管如此，斯蒂芬妮现在正在努力尝试在线约会。这是重要的第一步，但她仍然继续用宽松的衣服遮掩自己的身体，并且故意不打理自己。如果有人喜欢她，她希望是因为她这个人，而不是因为她的外表。

羞耻的本质

羞耻是一种痛苦的情绪——感觉自己不够好，感觉自己不配或不能胜任。这种可怕的感觉是如何发展的呢？从DBT的角度来看，所有情绪都有其功能；它们也可能带来不利的后果。从进化的角度来看，羞耻的功能是让我们改变或隐藏可能导致我们被赶出社群的行为。想象一下，如果一个早期洞穴居民没有尽到责任、没有满足群体需求，那会怎样？如果他的行为不符合群体成员的期望，导致群体极度不认可他，那么被群体拒绝就意味着他必须独自生存，而在几千、几万年前，这将是一件非常困难的事情。这样来看，羞耻情绪的功能就是，鼓励一个人以一种让他能与群体在一起的方式行事。

但我们现在不再是洞穴人了，所以这里还有一个当代的例子，说明了羞耻可能是如何发挥作用的。一个男人不给前妻支付子女抚养费，而是用这些钱去赌博。他的女儿在学校过得很艰难，因为她吃不饱也穿不暖。我们的社群会认为这种行为是不可接受的，当这件事被发现时，这个男人会感到羞耻。

这是一个合理羞耻的例子——之所以合理是因为它符合事实。换句话说，**当被社交群体拒绝的危险真实存在时，羞耻就是合理的**。我们的社会通常会排斥这位未能履行义务的父亲，因为这让他的孩子付出了巨大的代价。当羞耻是合理的时候，这并不意味着你应该恨自己；相反，这意味着你的道德诚信警报系统运作良好。合理的羞耻就像一个缓冲区，让你安全地保持在社会的道德框架内，所以羞耻可以是一个重要的提醒，让你改变方向并选择更明智的行为。然而，就像焦虑症中过度的恐惧反应一样，过度的羞耻反应可能会让你即使在安全区内也感到很糟糕。

斯蒂芬妮的羞耻是不合理的，因为它不符合事实。她没有做错任何事，约会某人、拥有人类的身体、做自己，仅仅因为这些就被社会拒绝的风险是很小的。此外，即使她的叔叔给她造成了痛苦，她所做的任何事都没有违背她相信的东西（她的强迫性思维可能在告诉她，她不能相信这是真的，但想法不是行为的证据！）。

然而，像许多经历过这种情况的人一样，斯蒂芬妮觉得她的羞耻是合理的。她觉得自己做错了事，尽管如果其他人经历了她所经历的事，她不会这样看待他们。从逻辑上讲，她能看到自己思维中的谬误，但她的羞耻感很强烈，很大程度上是因为她为发生的事情责备自己。当这种强大但不合理的羞耻占据主导地位时，它会让人感觉自己有缺陷、不可爱、毫无价值。考虑到她对自己的感觉，斯蒂芬妮有陷入虐待关系的风险。

○ 区分羞耻和内疚

我们暂时岔开话题，解决一下羞耻（shame）和内疚（guilt）容易混淆这个重要问题。有个快速区分两者的方法（想想每种情况下都有哪些类型的陈述出现）：内疚出现在你做错事或违背了你的价值观时，它往往是针对特定行为的——"我做错了"；羞耻则是更全面地评估自我——"我是个坏人"。

想想你生活中感受过这些情绪的时刻，在这里列出几个。

羞耻：

_____

_____

内疚：

_____

_____

如何应对羞耻

让我们从合理的羞耻开始。如果你做的一些事违背了你所在社群的价值观和标准，最好的补救方法是纠正它。让我们说清楚——有实际的外部证据表明，你确实做出了一个对某人有负面影响或与你的价值观不一致的糟糕选择。我们不是在谈论"如果"，也不是在讲你关于行为的负面心理假设。在上面的例子中，那个男人应该承担起他的责任——支付子女抚养费。

在某种程度上，羞耻是处罚错误行为（比如监禁）的理论基础。就像俗话说的，"你既然犯了罪，就要服刑赎罪"（You do the crime, you do the time.）；一旦我们认识到自己的过错并为之赎罪，我们的社会就会允许我们重新回归（至少，我们希望如此）。事实上，有些人在赎罪后，还是很难以清白的身份重新进入家庭或社会；同样，即使你已经为你的过错赎罪，你可能也很难让自己重新开始，或者你周围的人可能仍然会评判你。当羞耻感萦绕心头时，它很难被驱除。

健康的或合理的羞耻感可以被视为一种保护性缓冲，让我们对自己的道德执念保持怀疑态度。它能防止我们过于自负，以至于在无意识或不在乎的情况下给别人带来痛苦（想想你说过多少次你最不喜欢的人"毫无羞耻心"）。合理的羞耻感可以被视为一个警告信号，甚至是一个友好的提醒，让我们退后一步，看看我们的行为是否符合我们和社区所接受的价值观。

但对于不合理的羞耻感，由于没有实际的过错（即使你认为有），应对它的最佳方法是反复接触引发它的触发物。对斯蒂芬妮来说，这意味着穿不遮掩身材曲线的衣服——这就是把相反的行动这个技能付诸实践！我们选择相反的行动，是因为我们想向大脑表明羞耻感是完全不合理的。虽然建议使用这个技能很容易，但实际做起来可能会让人非常难受。说实话，几乎所有形式的暴露治疗都会让人难受，所以要记住那些能激励你继续前进的事情。在斯蒂芬妮的例子中，她尝试使用约会软件是为了有一段持久的浪漫关系。然而，她也意识到，不注意自己的外表会带来相反的后果。这是一种回避行为，保护她免受叔叔引发的痛苦情绪，而这种行为也会阻止她实现目标。

她的任务正好处在DBT和ERP的交集中，这两种方法会建议她：

1. 对自己遭受的痛苦进行自我认可；

2. 彻底接受她的经历已经过去了；

3. 对自己进行暴露，观察自己的身材曲线、头发以及与之相关的所有想法；

4. 停止两个明显的不当行为：穿宽松的衣服，不打理头发（随着时间推移，也许还要识别其他起到回避作用的行为）；

5. 阻止或防止对自己产生不准确的描述或逃避行为，比如含糊其词、责备自己或他人，或回避暴露；

6. 提醒自己重新开始约会的目标；

7. 反复重复这个过程。

请记住，从ERP的角度来说，斯蒂芬妮正在改变她的条件反射配对。身材曲线=荡妇？不，身材曲线=她的身体本来的样子。她也必须警惕，不要拒绝任何评论她外表的人。通过在一段积极、肯定和支持性的自愿恋爱关系中放慢节奏，注意到对外表评论的自动化思维和情绪反应，同时接受这种评论，她可以开始解除大脑学到的"对外表的评论"和"男人不可信"之间的联系。

通过反复选择符合这种心态的行为，条件反射得以改变，羞耻感的强度也会改变。如果不承诺这样做，斯蒂芬妮就不太可能有效地克服羞耻，反而会被羞耻劫持而无法实现目标。但通过采取与羞耻要求的行为（"斯蒂芬妮，你要穿宽松的衣服，不要打理头发"）相反的行动，她不仅妥善应对了自己的困境，而且学会了拒绝关于自己的虚假信念，并明确了她的行为并非不道德。此外，通过做出相反的行动，她也在练习DBT中的自我认可技能（第14章会详细介绍），认识到她没有做错任何事，考虑到她叔叔对待她的方式，她会有这样的感受是很正常的。在此基础上，斯蒂芬妮还可以在工作环境中、外出用餐时、和朋友相处时，应用她新发现的克服羞耻的办法，或者寻找其他方式，来打破"做自己"和"做坏事"之间的联系。

打破羞耻感与其他症状的互动

在面对自己不想要的想法和恐惧时，许多人会遇到羞耻感的问题，尤其是在强迫症（OCD）和相关症状的背景下。不只想法和感受会相互影响，精神疾病症状之间也会相互影响。如果你有强迫症或类似的症状，它会与边缘型人格障碍（BPD）及其他类似症状产生互动，这种来回往复可能成为羞耻感的源泉。在临床实践中，我们经常看到这样的内部对话：

> 你找到了关于目标恐惧的一个可以忍受的暴露级别。它在层级中较低，但仍然足够具有挑战性，需要你做一些努力。你开始接触暴露，或者准备开始接触，但随后这些来回的互动就开始了。
> OCD："你做不到这个。太可怕了，你所有的恐惧都会成真。"
> 治疗师和/或智慧心智（TWM）："你能做到。"
> BPD："这本来应该很容易，但因为你软弱和可笑，所以你做

不到。"

OCD："如果你这样做，你会后悔的。"

TWM："记住，做困难的事情是你变得更好的方式！"

BPD："你以为你是谁，竟然觉得自己配得上变得更好？你什么都不是，你太可悲了。"

OCD："这样的焦虑太强了。你设定的暴露级别太高了。"

BPD："你忍不了这样的焦虑。你要崩溃了。你看起来疯了。"

TWM："怎么了？也许我们应该尝试一些不那么激烈的东西？"

OCD："你应对不了这个触发物。"

BPD："你应对不了生活。"

如果你经历过类似的情况，要知道你并不孤单。这种心理状态本身就够难受的了，但随之而来的常常还有无法用语言表达它，这会让你感觉更糟，因为关心你的人很难理解发生了什么。

当你陷入这种羞耻感的恍惚状态时，最好的策略是停下你正在做的事，退后一步，给自己一些空间来意识到羞耻感的存在。这是使用简单易记的STOP技能的好时机。简单地压制羞耻感只会让它变得更强，简单地逃离这种情况基本上也会有同样的结果。就像对待扰人心烦的想法一样，如果你把羞耻感当作危险的东西来对待（强行驱散它或逃避它），你就在教大脑把它视为威胁。相反，我们希望大脑把羞耻感看作生活中一个可以管理的部分，而不是比你更有力量的东西。你可以让羞耻感进入房间，指出它的存在，把它作为你在练习ERP时可以观察到的身体中的另一种体验。

练习：你的羞耻感体验

基于我们在本章讨论的所有内容，想想你自己的羞耻感体验。违背哪些价值观让你感到最痛苦？你是真的违背了它们吗？

按照提供的例子，使用这个表格来评估合理与不合理的羞耻感：

羞耻感体验	合理 你是否违反了普遍的社区规范？（实际上，而不是理论上）	不合理 你是否违反了普遍的社区规范？
我从一家社区小店偷了一副漂亮的手套	√ 在大多数社区中，偷窃，特别是从小型家族商店偷窃，被认为是一种违规行为	
我为我的车感到羞耻，因为它不如邻居的车好		√ 在大多数社区中，车的品质如何不会和是否违规联系起来
你的例子1：		
你的例子2：		
你的例子3：		

第11章 正念反思vs.自我批评

沙卡（Shaka）是一位33岁的软件工程师，两年前离开了一家创业公司，因为工作不开心、不满意，薪水也只勉强够支付每月开销。他最近看到他的老东家上市了——如果他留下来，他本可以赚到几百万。他现在的工作更适合他，他喜欢这个工作环境，而且薪资待遇也不错，但比不上留在创业公司的收入。

现在他花很多时间反刍本可能发生的事情，并因为上次辞职而责备自己。每次看到跑车，他都会想他本可以也拥有一辆。他的老同事们现在住在高档河景公寓里，他想象他们坐头等舱在全世界旅行。他睡不好觉，因为他一直在想他错过了什么。

离开创业公司后不久，他在一次大学同学聚会上遇到了阿玛拉（Amara）——他一生的挚爱，而如果他还在旧工作岗位上的话，他就没时间参加那次聚会了，但他并没有反刍他有多幸运能遇到一位这么好的伴侣。相反，他陷入了对他本可以赚到数百万的执着。

反刍没有任何好处

当结果不如我们预期的那样好时，我们往往会判定自己过去做了错误的决定，却忽视了**当时我们是基于手头可获得的信息，做出了当时看似正确的选择**。我们做决定时，所知的信息总是不完全的。你买了房子后，才发现排污系统不符合规范。你和某人恋爱了、结婚了，后来才发现对方存在不健康的成瘾问题。即使我们有大量的准确信息并做出了毋庸置疑的决定，也并不是每个选择都会成为最好的选择。

想象本来可能发生什么，对过去自己做过或未做的事情感到后悔，这很容易。但反刍思维会让这种感觉变得糟糕得多。你可能会在脑海中一遍又一遍地回放过去的场景，想象自己本可以做得不同。但花在反刍过去上的每一秒，都是浪费现在的时间，而在你意识到之前，你已经把一生都浪费在后悔过去了。今天将成为明天的过去。你真的想把今天和明天都花费在昨天吗？

克服反刍思维非常重要，因为它最令人困扰的一点是它会影响人整体的功能，就像沙卡的睡眠问题一样。当你一直担心着那些让你担忧的事情时，这不可避免地会影响你的人际关系、育儿、工作效率，以及生活中的几乎所有其他方面——这是复合反刍（compounded rumination），在它完全控制你的思维和生活之前，你该采取行动了。

○ 潜念

在这个压力重重的世界里，如果你在网上搜索减压方法，基本上都会搜到正念练习。我们非常支持正念，并且已经泛泛地写到过这个主题了，但在这里我们想为"潜念"（mindlessness）（或者说"无意识"）做一个小广告。研究表明，对于许多任务来说，潜念实际上更有效率。当我们学习复杂任务中的技能（比如开车）时，我们可以越来越轻松地完成这些任务，直到几乎不需要注意力。当一个青少年第一次学习开车时，他们会对开车的每个方面都高度警觉，但一旦驾驶员完全熟练，他们就不再需要停下来思考每一个步骤，这就是潜念状态。这同样适用于大多数日常活动，比如刷牙、骑自行车或用叉子把食物送到嘴里——所有这些在你第一次学习时都很困难。

肌肉记忆让我们能够在不需要注意的情况下执行行为。这种记忆允许我们自动执行反复练习和学习过的行为，而不需要有意识的认知。这并不意味着它们不能被有意识地完成，只是不需要。

当然，在学习新技能时保持注意力很重要，特别是当我们想熟练掌握该技能时。但一旦我们掌握了它，就可以放开这种集中的意识，让肌肉记忆接管。这对某些行为来说是有利的（你不必每次骑自行车都重新学习），但某些则是不利的，比如对我们来说并不有益或不适应的动作和行为。

例如，当自动行为是反刍时，潜念就没什么好处了。反刍是重复的、无意识的、负面的自我关注思维，会导致抑郁、负面情绪状态、关注负面故事，以及回忆负面记忆，就像沙卡陷入"如果"（what if）的想象而不是关注"现实"（what is）一样。反刍过去可能发生的事情，完全不会改变他当前处境的现实。

无意识地责备自己、攻击自己或生活在后悔中，是滥用了选择把注意力放在哪里的能力。 反刍通常始于当结果与你设定的目标大不相同时。所以，像沙卡一样，你在脑海中一遍又一遍地重放这种情况，想知道哪里出了错，并为这个结果责备自己。反过来，反刍会对你的情绪、自我价值感和解决问题的能力产生负面影响，并削弱你的积极性。总之：反刍没有任何好处。

用正念反思取代反刍

如何从无用的反刍中走出来，走到一个更健康、更正念的状态呢？让我们从不该做的事开始说起，也就是压制你的想法，任何试图这样做的尝试都是不应该的。你可能认为，经常分散自己的注意力来避免负面反刍就能摆脱它们，但研究表明，**思维压制实际上会导致负面想法变得更强，并使你反刍得更多**。这是因为，压制想法需要大量的心理能量，所以当你处于同样需要注意力和心理能量的压力情境时，分给压抑想法的能量就少了，原本被压抑的想法就会涌回你的脑海。

在很多方面，"压制"（suppressing）和"强制控制"（forcing control）的情况有相似的结果。不去控制反刍，就像不去注意漏水的管道；强制控制则像是简单地堵住漏水的管道。问题是，最终，无论哪种方式，管道都会在某个时刻爆裂，造成的损害会比一开始就处理漏水严重得多。两者之间还有一条路，就是意识到解决之道既不是回避也不是强制；相反，最好是找专家来处理情况。如果你觉得自己要么通过压制来回避情况，要么强制执行一个只能暂时解决问题的方案，你很可能会让事情变得更糟。实际上，你还有其他选择。

○ 变得有效：做有用的事

DBT中的一个具体正念实践就是，做有效（effective）的事，这意味着专注于什么是"有用的"，而非什么是"不公平"或"本应该"的。反刍是一种无效的思维方式。比如，如果你在考试中表现不好，然后花接下来的一周对自己进行负面思考，这些无休止循环的想法除了妨碍你为下一次考试学习外，什么作用也起不到。你最好把那些精力用在弄清楚哪里出了错，以及如何为将来做更好的准备上。在反刍时，你可能会感觉自己没得选，但正念可以成为你有效使用思维的强大工具。

○ 通过正念克服反刍

正念指的是完全关注当下时刻，并且是有意识、不带评判地这样做。当下时刻包含一切，包括你头脑中的想法，其中一些可能令人痛苦，特别是那些你一直在反刍的想法。我们意识到，要求你不回避它们而是正念地观察它们，这可能正好与你想做的相反。但当你有效地使用正念时，你会把注意力从公平与不公平、谁对谁错的想法上转移开，转而关注情况需要什么。想象一下，你开车压到了一个坑洞导致轮胎爆胎了。那个坑洞不是你造成的，轮胎也不是你做的，但责备你所在城市的路政管理部门或轮胎制造商，并不是有效的做法。当下需要的是，换上备胎然后去上班。

正念怎样克服反刍：

1. 正念将你的注意力引导到当前体验上。它把你的注意力从过去或未来转移到现在，这打断了反刍，因为"现在"并没有过去和未来的情况发生。

2. 正念强调练习自我接纳和自我关怀。自我接纳是把你自己当作一个整体来观察，包括你所有的优点和缺点。我们可能常常感觉其他人只有优点，但其实每个人都有缺点。一旦你接纳了它们，你就可以决定，是要努力改变它们，还是可以允许它们存在。自我关怀略有不同，因为它的目标包括减轻你的痛苦，因此它是积极追求成长和改变的强大动力。这两种品质都可以帮你对抗反刍产生的负面自我评价。

3. 正念培养你对思考方式的识别，进而保护你免于过度认同负面状态——反刍就属于这种状态。

正念帮我们意识到，没有什么是永恒的，即使那些看似无休止的想法也不是。通过将你的想法视为暂时的现象，你可以让它们出现，然后允许它们只是穿过你的头脑，而不与它们纠缠，也不让它们的内容来定义你。你练习正念越多，对负面想法的敏感度就越低；最终，它们变得不那么醒目，所以你反刍得更少。

练习：一次具体的正念

我们做的每件无意识的事，都可以有意识地去做。让我们对一个通常是无意识进行的活动展开日常正念练习吧。当练习正念时，你可能会注意到你的思维走神到其他想法——这是一种常见的体验，就像反刍一样，这些想法会过去的。所以当你注意到它们时，只需不带评判地注意它们，然后回到正念活动。在这个例子中，你当然可以无意识地一边喝茶一边看新闻或打电话，你也可以通过以下步骤有意识地喝茶：

1. 选择。有意识地做一个你觉得能抓住当下时刻的选择。不是每种茶都适合每个场合。如果快到睡觉时间，也许可以选择洋甘菊茶；或者，在早上选择来杯红茶开启你的一天。

2. 聆听。烧水并真正倾听它的声音。无论你用水壶还是微波炉，有意识地听水被加热的声音，或微波炉运转直到叮的一声。等待时，不要用杂物或手机分散注意力——只需坐着听。

3. 观察。往杯子里倒水。注意水与茶叶接触时颜色如何变化。看着颜色随着茶叶和热水混合变得更深更暗。

我也可以不内耗

4.闻香。吸气时，注意闻茶叶被浸泡的香气。

5.感受和品尝。当你把杯子送到嘴边时，感受茶的温暖，然后慢慢品尝，注意味道。

○ 更多种正念练习

想让正念更多地融入你的日常生活，还有很多可以随时随地做的事情，比如：

- **练习呼吸觉察**：把所有注意力放在呼吸上，从你吸气的那一刻开始，到你呼气结束的那一刻，注意力一直跟随它。
- **做身体扫描或渐进式肌肉放松练习**（参见第7章的示例）。
- **锚定注意力**：听一首歌或欣赏一幅画，只把一个元素（比如低音线或笔触）作为注意力的锚点。
- **练习正念行走**：用5分钟时间进行非常缓慢、不慌不忙且有意识的行走，把注意力带到迈步过程的每个元素上。
- **创造自己的正念练习或游戏**：正念活动实际上就是邀请你注意任意一件事，并在意识到自己走神时把注意力重新带回到那件事上——自己创造并玩得开心吧！

承担起选择注意力焦点的责任

让我们回到沙卡的例子。他因为没有在前公司多待一段时间赚到数百万而自责。在脑海中反复播放这些想法，正符合反刍的定义。无论他有没有意识到，他实际上是可以选择把注意力引向何处的，而且做这个选择是他的责任。

如果他要对过去进行反刍，那么他可以正念地这样做，是的，把注意力放在他的反刍上，但之后，他要在那些想法之上添加对他来说同样真实和有效的其他想法。例如，他根本不知道如果当初留下来，现在会怎样。他很可能永远不会遇到他的女朋友，当然也不会有他享受了两年的这份工作，而旧工作的压力对他来说可能太大了。他当然可能会有更好的车和豪华公寓，但他也可能会精疲力竭。创业公司也可能会倒闭；或者他的老板们注意到他在那里不快乐，可能会在上市前就辞退他。关键是，**任何事情在真正发生之前，我们永远无法知道它们的结果，但我们可以主动选择把注意力集中在当下时刻，在当下做出最好的决定。**

练习：正念回应 vs. 自我攻击

想一想生活中导致你过度后悔的情况。利用下面的表格，你可以怎样重新构造你的羞耻和自我批评，让它们变成对这种情况更具正念的回应呢？

反刍	自我攻击	正念回应	综合观点
沙卡的例子：离开那份工作让我损失了这么多钱！	我是个失败者，竟然放弃了几百万美元	过去两年我一直在做一份我喜欢的工作	有更多钱会让我的生活在某些方面更轻松，但我也不会找到这份我喜欢的工作
沙卡的例子：我真蠢，竟然辞职了	我以前的同事都比我聪明，他们都留下来了	我遇到了我想共度余生的人	我以前的同事过得不错，但如果不辞职，我就不会遇到我的伴侣
你的例子1：			
你的例子2：			

　　　　　　　　我也可以不内耗

自我批评是徒劳的

回顾经历并问问自己从中学到了什么，这当然无可厚非。自我反思可以是一种健康的，甚至正念的理解事物的方式。但是如何能既正念又同时面向过去呢？也有办法：有意识地在当下觉察你在做什么——回顾你的过去，看清过去真实的样子，还有当下真实的现状。无意识地反刍或者在脑海中无休止地循环所有的错误，和这个办法是完全不同的事情。

许多人发现，他们的侵入性想法不仅仅可怕，还极具冒犯性或禁忌性，或者是其他不可接受的情况。对过去的想法也是如此。你可能会看着自己做出的某个选择或错过的某个机会，想着："我到底是有多蠢？"虽然这在某种程度上是正常的，但它根本无效。自我反思需要你带着好奇心和学习的眼光，正念地完成。责骂自己和其他形式的自我批评，可能看起来像是成长的机会，但它们实际上只是强迫行为：一种旨在扯平的行为。如果你对污染有强迫观念，你的强迫行为就是过度清洗。如果你的强迫观念是"我是个失败的人"，对应的强迫行为就是确保你已经受到了足够的惩罚。

自我反思是一种健康的探索，让我们在前进过程中可以做出明智选择，但自我批评正相反，它会让我们陷入毫无意义的困惑中。你可以通过识别这种心理行为的目的来轻松区分两者。你是在试图学习一些东西，还是在试图让自己痛苦？自我批评和自我惩罚总是在说同样的话："我本来应该知道得更清楚，不该落到这种地步。"但如果你仔细观察，这种说法毫无道理。你怎么可能提前知道得更清楚呢？

一路走来，你只能用你所拥有的做到最好，比如你拥有的技能和知识。而技能和知识从何而来？它们来自你的生活经历。你无法选择你的遗传基因、你的父母、你出生的国家或文化。你所能选择的只存在于此刻——你选择把注意力引向何处，是努力明智地运用它，还是用它来打击自己。

为了区分打击自己和自我接纳的内容，试试这个练习：

自我批评	目的 （你为什么这样对自己说？）	自我反思	目的 （这对你有什么帮助？）
我做了个愚蠢的选择	我活该感觉糟糕	我做了个选择，但没有得到预期的好结果；下次我可以做出更有效的选择	我想从我的经历中学习
我是个失败的人，因为我有强迫症	我憎恨自己，因为我有强迫症状	我在对抗强迫症时遇到困难，我可以寻求更多工具和支持	我想对自己的强迫症有更强的掌控感，减少它对我的影响

我也可以不内耗

第12章　自我关怀vs.编造借口

艾丽卡（Erica）在闹钟响时按了太多次"稍后再响"，所以她上班迟到了。她的经理在所有部门同事面前训斥了她，还扣了她的工资。她花了大半天时间斥责自己的愚蠢后，想起来应该对这个情况运用一些自我关怀。她搞砸了。好吧，那怎么了？接受它然后继续呗！也许把闹钟放在房间另一端，这样她必须起床去关掉它，可能会有帮助？

但随后她头脑中的另一个声音让她难以接受责任。为什么她的经理不能对她宽容一点？如果不是因为需要更多睡眠，她就不会迟到，而需要更多睡眠是因为她一开始工作太努力了！她对这一切耿耿于怀，对她的老板、工作、经济状况以及生活中几乎所有事情的不满逐渐增强。

善待自己≠逃避责任

艾丽卡一开始做的是对的，她试图在犯了一个令人尴尬的错误后善待自己，但在面对这个错误的后果时，她转而开始责怪他人。这可能感觉像是自我关怀，但最终只会让她充满不必要的痛苦情绪，这些情绪不仅会损害她的心情，也会损害她对情况的清晰认识。所以，如果我们理解了自我批评是徒劳的（参见上一章），那如何在善待自己的同时，也客观地为我们所做的选择承担责任呢？

这个挑战的一大部分在于找到问题的答案：现在什么是有帮助的？我们可能认为逃避责任是有帮助的，因为它短期来看能缓解不适，但最终，逃避责任对手头的问题没有帮助。如果你犯了某种错误——你有一个不恰当的想法或感觉，你伤害了某人的感受，你让他人为你担心，你以违背你价值观的方式行事，仅仅用自我友善（self-kindness）的态度给自己一个拥抱（比喻性的），似乎和找借口一样不够用。真正有帮助的是，找到一种方法，既对你的体验负责，同时不进行自我虐待。

我们遇到的困惑常常来源于一个想法：表现出自我友善或自我关怀等同于"当好人"（being nice）。自我友善是指像对待所爱的人那样对待自己；但即使在我们用爱和善意对待所爱的人时，我们也不总是"当好人"，对吧？例如，如果你有一个正在与毒品成瘾作斗争的亲人，你可能会非常直接地劝阻他们的不健康行为，并鼓励他们寻求帮助。你可以善意地做这件事——认可这有多困难，承认你希望他们不受苦，但你不一定"当好人"，也不一定温和。

善意植根于减少痛苦的愿望，而达到这个目标的方式有很多。一个好的运动教练不会说："玩得开心就好——反正你们都能得到奖杯，谁在乎呢？"相反，教练会说："我相信你——现在去努力吧！"如果你的强迫思维对你很残酷，那让自己"闭嘴"也完全没问题，只要语气透露出帮助的目的。有时你最好的朋友不停地说自己有多糟糕，这时需要你打一下他的胳膊，并说一句"别这么荒谬了"。你可以把这种"严厉的爱"（tough love）转向内在。

在CBT中，思维记录可以用来理清哪些想法是有帮助的，哪些则不是。回想本书前面的内容，挑战扭曲的想法可以把虚假的问题（试图确定未来或改变过去）与真实的问题（在当下应对具有挑战性的情绪或不确定性）分开。同样的技巧可以用来区分自我友善和逃避责任——现在试试思维记录表的简化版本：

触发因素	虚假问题或自动化思维	真实问题或思维挑战
睡过头	不是我的错，上班时间太早了	我搞砸了，我对此不开心，但我不必完美，我可以把闹钟放在房间另一边； 反刍和自责没法帮助我在下次避免这种不适

许多人不愿意投入自我关怀，因为这感觉像是在作弊。实际上，自我关怀是为那些你可能处理不当的情况负责的最佳方式，这样你就有机会从中吸取教训。你可能会想："好吧，但我怎么能确定我为自己做的事承担了足够的责任，而不是仅仅让自己对'当个混蛋'感觉好点？"这可能是练习 ERP 技能的好机会，耸耸肩并带着这种可能性继续前进吧。

列出一些你可以从善待自己中受益的情况：

_____

_____

_____

在善待自己的同时，什么方法可以确保你仍然对自己负责？

_____

_____

_____

小结

好了，这就是本书第二部分的结尾，希望它能澄清一些处理扰人心烦的想法和困难情绪的细节。我们已经或详或略地介绍了很多技能，但现在不用担心记不住或掌握不了它们。在本书的下一部分，我们会给你机会练习运用这些工具（在最后一章，我们会把它们都整合在一起供你参考）。

但在进入第三部分之前，给自己一个休息的机会吧。暂时停止"提升自己"，简单地做一个有想法和感受的人，现在不需要修复或改变任何事情。

第三部分
生活中的
实践行动

欢迎来到本书的最后一部分！在第一部分，我们讲解了在面对扰人心烦的想法和感受时，ERP和DBT分别可以如何解决问题。在第二部分，我们关注想法和感受之间具体是怎样互相影响的，在这种情况下，把各种方法结合起来使用可能是最有效的。第三部分就到了我们可以"偷懒"、让你来做剩余工作的地方了！

在接下来的内容中，我们将提供一个模板，通过梳理5个人们常常面临失调的方面，使你成为自己"案例研究"的主人公。通过这种方式，你可以整理你想要处理的想法和具有挑战性的情绪，然后用对你最有用的CBT、ERP和DBT工具来处理它们。当然，我们在这里的策略是避免告诉你该怎么做、让你感到不舒服；毕竟，我们还没见过你，不可能像你那样了解你自己的情况。因此，下一章会把你定位为自己的经验专家，辅以我们从临床中收集的指导建议，希望能让你绘制出快乐生活的路线图。

然后我们将继续讨论自我认可，这是一个非常重要的概念，可以助你掌控自己的心理健康之旅。在最后一章，我们将以掌上参考指南的形式回顾所有核心概念。

我也可以不内耗

第13章　选择你自己的心理健康行动计划

我们现在要梳理5个人们可能会体验失调的方面，也就是5种被想法和感受所困扰的情境。每个部分都会呈现一个特定失调类型的人物故事（我们希望这个人被看作你，希望这个故事能引起共鸣，以使你可以随意替换任何词语或想法，让它更贴近你的实际情况）。我们故意留出了每个故事的某些部分，让你来填空，用你自己的智慧来确定哪些工具可能最适合你的特定挑战。你可以从这本书的任何部分摘取内容来填补空白。我们为每个部分提供了相应的提示。这里不会有"错误"的做法；这只是一种制订个性化治疗计划的方式，用来应对你自己的想法和感受所带来的困扰。

你的案例示例1：情绪失调

我大概是个情感丰富的人。生活对我而言，似乎比对其他人来说鲜明、生动得多。人们认为我富有同理心、敏锐、洞察力强、富有创造力。有时这很好，但有时也是一种负担。

1. 当一切顺利时，强烈的情绪会随之而来：＿＿＿＿＿＿＿＿＿
＿＿＿＿＿＿＿＿＿＿＿＿＿＿＿（填入你体验过的强烈正面情绪）。

在最糟糕的时候，强烈的情绪感觉是＿＿＿＿＿＿＿＿＿＿
＿＿＿＿＿＿＿＿＿＿（填入你体验过的强烈负面情绪）。

2. 有一些情况会让我感到＿＿＿＿＿＿＿＿（在此填入你的情绪），

而这反过来可能会让我去＿＿＿＿＿＿＿＿＿＿＿＿＿＿＿＿＿＿
（填入可能有问题的行为）。

3. 当这种情况出现时，特别是如果我能及早察觉到它，我可以使用
＿＿＿＿＿＿（填入工具）来帮助我降低情绪的强度并消除扭曲的想法。

4. 但当我被过强的情绪淹没时，引入（填入工具）＿＿＿＿＿＿＿
可能会有帮助，来让我的情绪更容易被承受。有时当我特别沮丧时，我
不仅有＿＿＿＿＿＿＿＿＿（填入行为）的风险，可能还会通过＿＿＿＿＿
＿＿＿＿＿＿（填入长期来看会让事情变得更糟的行为）让情况变得更糟。

5. 所以通过练习＿＿＿＿＿＿＿＿＿＿（填入有技巧的实践方法），我
可以重新获得情绪平衡并变得更有效率。

○ 指导说明

在填写上面的模板时，以下指导说明可能会对你有帮助：

1. 不同的情绪会导致不同类型的行为。有些行为正好是情境所需要
的，而其他行为则会让情况变糟，即使它们在当下能让你感觉好一些。
情绪的强度也在行为表现中起着作用。例如，当你对某人有一点点恼火
时，你可能会忽视那个人，但当你对他非常愤怒时，你可能会对那个人
大喊大叫、破口大骂。在被情绪驱使着行动之前，你可以先和情境保持
距离，探索并命名具体的情绪，确定它是初级情绪还是次级情绪（参见
第2章），认可该情绪，确定它是否合理，然后决定该怎么做。使用上面
的叙述来识别哪些情绪对你来说最有问题，是什么引发了它们，以及它
们在短期和长期如何影响你。

2. 如果情绪是由人际冲突引起的，它可能会特别强烈；然而，情绪

也可能由内心冲突引起，也就是说，你对自己的想法也可能会导致强烈的情绪。你可以回顾第1章描述的想法，想想你正在体验的是其中哪些。这样做也有用：描述这些情绪在你的身体上有什么表现，在这些情绪状态下你是什么感觉，包括它们是否可控，以及它们是由什么引发的——是你与他人的关系，还是你自己的想法呢？

3. 在这里，你可以找出最有效的工具，来应对那些让你的体验变得难以忍受的压倒性情绪。在情绪变成情绪海啸之前，识别和挑战这些情绪可能会有用。从事相反的行动可能特别有用，或者，你可以使用自动思维记录来挑战你对体验的思考方式。

4. 如果你的强烈情绪是你不想要的、痛苦难耐的，那么正确的方法可能是，先使用DBT的痛苦耐受技能，然后使用长期的情绪调节技能。在这里，你可以列出特定的情绪，然后列出在你的情况下有效的特定痛苦耐受技能。如果某些方法效果很好，你可以定期使用它；你也可以尝试其他方法，比如正念等也可能有帮助。

5. 即使你在命名和标记情绪时遇到困难，你仍然可以使用各种技能。你在感觉不堪重负时，本书中的哪些DBT策略可以成为你的首选工具？也许是冰浴，或是调节呼吸，或是绕着街区冲刺。想想你什么时候使用以及如何使用你偏好的工具，还有，万一你没法使用该工具，在这种情况下你还能做什么。

你的案例示例2：人际关系失调

我很珍惜我与＿＿＿＿＿＿＿＿＿＿（填入人名）的关系。

1. 然而，有时关于这段关系的想法会让我感到痛苦，比如_____
_____（填入想法）。

2. 这些关于关系的想法有时会带来强烈的感受，比如_____
_____（填入感受）。

3. 当我担心这段关系时，我可以使用_____（填入工具）
来帮助我消除扭曲的想法。

4. 我也可以通过_____（填入工具）来暴露于我对关系
的恐惧性想法。

5. 但当我被这一切淹没时，用_____（填入工具）可能
有帮助，让我的情绪更容易被承受。

6. 有时当我特别沮丧时，我想要与这段关系中的人沟通发生了什么，
我可以使用_____（填入工具）来让这种沟通更可能
有效。

○ 指导说明

在填写上面的模板时，以下指导说明可能会对你有帮助：

1. 不同类型的关系会带来各种各样的想法，有些可能是你不想要
的，特别是如果你倾向于强烈地爱他人，那你在与他人过于亲近或不够
亲近时都会感到挣扎。有些人会被这样的想法困扰：他们没有得到足够
的爱和欣赏，至少没有达到和他们爱、欣赏别人一样的程度。也有些人
会困扰于这样的想法：这段关系不理想，另一个人可能不是"命中注定
的人"；或者他们对对方没有"正确的"感觉。有些人在关系中困扰于信
任的主题，有关于被欺骗、被操纵、被不尊重或被抛弃的想法。回顾第

1章，来探索哪些类型（灾难性的、禁忌的、自我批评的、评判性的等）的想法出现了，并填写上面的空白，来确定具体是哪些想法在你的关系中带来了痛苦。

2. 对于那些容易情绪化反应的人来说，关系引起的感受可能非常强烈。你可以回顾第2章描述的感受，来梳理你自己正在体验哪些感受。描述它们在你的身体上如何表现，在这些情绪状态下你是什么感觉，也会对你有帮助。

3. 在这里，你可以确定对你来说最有效的工具，用来捕捉可能让你的体验变得难以忍受的扭曲想法。识别和挑战认知扭曲可能会在这里派上用场，自动思维记录也是如此。

4. 如果关于关系的想法是你不想要的、侵入性的，那么你可能会把它们当作强迫观念来处理，在这种情况下，以暴露为基础的工具可能会有效。想想你在这里能否应用实景暴露、想象暴露或内感受暴露。你可以怎样将这些暴露组织成层级结构，并练习它们，直到你的恐惧变得更容易管理？你如何识别和抵制可能给扰人心烦的想法带来力量的回避、过度寻求保证和其他强迫行为？

5. 无论有没有试图面对恐惧的额外压力，人际关系失调（即在与他人的关系中感到不安全或不稳定）带来的情绪都可能非常强烈。当感觉事情真的失控时，什么DBT策略可以作为你的首选工具？也许身体扫描或TIPP技能中的某个步骤对你最有效。你会在什么时候使用这个工具，以及如何使用它呢？

6. 在关系失调的情况下，试图被另一个人听到和理解是非常困难的。当你的目标是同对方清楚地沟通你的需求时，哪些策略对你最有意义？

你的案例示例3：行为失调

1. 我觉得我能应付生活中的大多数事情，但有时，当＿＿＿＿＿
＿＿＿＿＿＿＿＿＿＿＿＿（填入扰人心烦的想法、强烈的情绪或其他困
难情况）出现时，我很难应对。

2. 这时我通常会转向＿＿＿＿＿＿＿＿＿＿（填入可能一开始有帮
助或让你感觉好一些，但终究会造成问题或有害的行为）。

3. 事实是，这种行为虽然能帮助我暂时逃避痛苦，但并不能帮助我
应对。我能看出这一点，因为＿＿＿＿＿＿＿＿＿＿＿＿＿＿＿＿
（填入这种行为在长期看来，是怎样无法真正支持你的）。仅仅知道这些
行为会带来后果，并不能让它们自行停止。

4. 我可以通过记住抵制这些行为的所有好处，来激励自己改变这些
行 为 ，比 如＿＿＿＿＿＿＿＿＿＿＿＿＿＿＿＿＿＿＿
（填入你通过抵制有害行为得到的回报）。但仅仅知道这些是不够的。我
必须能够驾驭那些不断推动我回到问题行为的扰人心烦的想法和感受。

5. 我可以使用像＿＿＿＿＿＿＿＿＿＿＿（填入DBT和ERP技能）
这样的技能来指引我向更明智的方向前进。

○ 指导说明

在填写上面的模板时，以下指导说明可能会对你有帮助：

1. 想想那些持续让你失去平衡的想法、强烈的情绪或其他困难情况
是什么类型的。这可能是一个侵入性的自我失谐的想法，比如强迫观念，
或者可能是一个自我协调的想法，比如对你的外表或自我价值的自我批

评。它可能是一种你觉得特别难以驾驭的情绪，比如恐惧或羞耻。这些扰人心烦的想法和感受也可能与特定事件（比如社交聚会或工作挑战）有关。

2. 短期有帮助的行为和长期有帮助的行为之间存在差异。有些行为看似在短期内有帮助，但结果并非如此；有些行为只是让你感觉良好，但坏处也会立即出现——自我伤害、暴饮暴食、催吐、滥用物质、对他人采取攻击性行为，以及进行有害的仪式或强迫行为……如果你倾向于不经思考就行动，特别是当情绪强烈时，你真的需要注意这一点，因为你可能有重复无益行为的风险，这些行为可能带来越来越消极的后果。

3. 回想第6章中关于应对策略和强迫行为之间的区别的内容。应对策略帮助我们驾驭困难的想法和情绪，而强迫行为（和其他不适应性行为）只是麻痹、压制或强行分散注意力。你的行为如何妨碍你真正驾驭这个挑战？这些行为会产生什么额外的问题（比如不得不为伤害他人道歉，或不得不隐藏自我伤害的证据）？

4. 想想当你避免去做不健康的行为或有害的强迫行为时，你的世界实际上会是什么样子。你的关系是什么样子？你的身体感觉如何？你的生活中会出现什么其他你想要的改变？

5. 简单地记录它们，就是一个用于捕捉导致问题行为的触发因素的工具。基本上，你要反向分析是什么导致你选择了不健康的行为，这样你就能确定下次怎样做出不同的选择，比如使用像思维记录这样的认知技能，像TIPP这样的情绪调节技能，像STOP这样的正念技能，或者基于暴露的技能。在你感觉要采取问题行为时，你可以使用在本书中看过的哪些DBT工具？

你的案例示例4：认知失调

1. 我有一些我不想要的侵入性想法，比如＿＿＿＿＿＿＿＿＿＿＿
＿＿＿＿＿＿＿＿＿＿＿＿＿＿＿＿＿＿＿（填入想法）。

2. 当某些事情触发它们，或当它们突然出现在我的脑海中时，我感
觉＿＿＿＿＿＿＿＿＿＿＿＿＿＿＿＿＿＿＿＿＿＿＿（填入感受）。

3. 我试图通过强迫行为来让这些想法消失，比如＿＿＿＿＿＿＿＿
＿＿＿＿（填入强迫行为）。在当下，做这些强迫行为似乎就是如此重要。

4. 通过使用＿＿＿＿＿＿＿（填入工具）认识到我在这个问题上的思
维何时出现了扭曲，可能会有帮助。

5. 或者，我可以通过以下形式对它们进行暴露＿＿＿＿＿＿＿＿＿
（填入工具）。但有时，我真的很讨厌我有这些想法，并且真的相信我一
定是某种可怕的人，仅仅因为有这些想法。

6. 使用＿＿＿＿＿＿＿＿＿（填入工具）可以帮助我在那种状态下更
好地对待自己。

○ 指导说明

在填写上面的模板时，以下指导说明可能会对你有帮助：

1. 无论侵入性想法是由强迫症、社交焦虑、PTSD引起的，还是仅仅
由日常生活引起，这些想法都可能令人惊吓、沮丧和痛苦。在第1章中，
我们要求你写下一些困扰你的想法。这是另一个机会，只需将它们用语
言呈现在你面前，这样你就能看到它们到底是什么（从字面上说，它们
只是你头脑中的词语！）。

2. 当想法袭来时，它们可以快速激起各种具有挑战性的情绪。焦虑、厌恶或愤怒可能占主导地位，但其他情绪也可能出现。再看看你在第2章中探索的情绪，看看哪些最适合描述你处理想法时的感受。

3. 有个办法可能很有用，就是在这里快速列一个清单，列出所有你试图确定想法内容的方式，或试图让相关感受消失的方式。记住，这些不是让你容忍或接纳感受的应对策略；它们是旨在逃避感受的强迫行为或仪式。

4. 像第3章描述的那样，认知重构工具可能对捕捉和修正扭曲的思维有用。或者，你可以试着只是正念地认识到把你引入歧途的思维方式，并制作一个简短的认知扭曲清单。

5. 如果你要使用ERP策略来处理你不想要的想法，想想你能以什么方式使用实景暴露、想象暴露或内感受暴露。你可能还要考虑一些关于如何分层次地进行暴露，或如何调节暴露频率和强度的细节。或者，你可以在这里简单地承认，你可能会重新开始做你一直在回避的事情，你知道它们会带来这些想法，但它们也会带来回报。

6. 自我评判的想法可能非常残酷，有时我们会用强迫行为来回应最初的触发性想法，而不是试图驾驭它们，只是为了避免处理后者带来的自我厌恶想法。在这方面，你可能会找到一些DBT技能、自我关怀策略或其他对你有效的应对机制，让你保持健康的、有疗愈作用的思维状态。

你的案例示例5：自我失调

我努力认识自己是谁，我感觉自己每个时刻都在变化。我对自己的能力没有把握。

1. 某一刻，我感觉我擅长＿＿＿＿＿＿＿＿＿＿（填入你觉得擅长做的事情），下一刻，我开始质疑我的能力。

2. 与其质疑我的能力，我可以做＿＿＿＿＿＿＿＿＿＿（填入技能）。

3. 当我有以下想法时，我对自己的自我认知产生怀疑：＿＿＿＿＿＿
＿＿＿＿＿＿＿＿＿＿＿＿＿＿＿＿＿＿＿（填入侵入性想法，以及你担心这些想法告诉你关于自己的什么）。

4. 与其沉溺于这些想法，我可以使用以下技能：＿＿＿＿＿＿＿＿
（填入技能）。

5. 当我朝着我的生活目标＿＿＿＿＿＿＿＿＿＿＿（填入目标）努力时，我的自我感会更强烈，但当我有强烈的情绪时，我的目标开始转移。

6. 与其改变我的生活目标，我可以＿＿＿＿＿＿＿＿＿＿＿（填入你可以使用的技能）。

○ 指导说明

在填写上面的模板时，以下指导说明可能会对你有帮助：

1. 洞察是确定你想做什么的重要的第一步，但仅有洞察是不够的。吸烟者知道吸烟对健康有害，但这通常并不能阻止他们吸烟。对于准确描述你是怎样的人，正念中的观察和描述技巧是极好的工具。

2. 开始质疑自己和自己的能力，可能会导致严重的自我怀疑和情绪困扰。通过核对事实（第6章）来确定你的怀疑是否有理有据，使用情绪调节技能（第4章）来确定你的情绪是否合理，这可以帮助你决定如何处理它们。

3. 写下你的想法和恐惧是一项强有力的技术，可以减轻它们对你生活的控制。仅仅用文字写下一些让你觉得难以应对的事情，就能使它们更容易处理。关键是，只陈述你体验的事实。如果你有一个想法，就把它标记为仅仅是一个想法。除非那个想法会导致行动，否则它会一直只是一个想法。确保你没有把"你的想法"等同于"你是什么样的人"。

4. 就像前面的案例一样，如果你要使用ERP策略来处理扰你心烦的想法，想想你能以什么方式使用实景暴露、想象暴露或内感受暴露。或者，你可以将DBT的接纳技能应用到这些想法上，甚至加入一些开玩笑的元素，嘲笑那个想法，好像在说："你又搞这一套了，大脑！"要认识到你的想法不是你本人。

5. 正念是确定目标的最有用的技能。如果是一个具体的目标，比如"我想成为一名护士"，把它写下来，做成海报贴在墙上；如果是一个一般性的目标，比如"我想帮助别人"，正念将帮你把你想要追求的学习领域或就业领域缩小到更精准的范围内。

6. 如果强烈的情绪和扰你心烦的想法正在使你偏离通往目标的道路，现在不是放弃的时候。你可能需要暂时放慢速度，但要盯住目标，心无旁骛。使用情绪调节技能来处理过度的情绪，使用ERP技能来处理扰你心烦的、无益的想法，将使你重回正轨。你也可以考虑寻求帮助。与了解和爱你的人交谈，那些与你有着同样价值观和目标的人也会帮助你保持在正轨上。如果你确实去寻求帮助了，还要确保你的动机是明智的。换句话说，确保你不是仅仅在寻求保证，因为那只会让你继续依赖他人来做决定，而无法增强你的自我感。

第14章　认可的力量

在本书中，我们试图解决的每个挑战，都包含着一个核心信息：你的体验是真实的。让我们在这里澄清一下。我们不是说扰你心烦的想法一定会成真，也不是说你所有的感受在任何时候都是正当的。我们是说，无论你正在体验什么，那就是你对它的体验，那就是你所处的现实。如果把其他人放到你的处境中，他们也必须面对那些相同的想法，感受到相同的痛苦和恐惧，并想出应对这一切的策略。你有那些周围人可能没有意识到、没有体验过或无法理解的想法和感受，这并不意味着你疯了或者错了。你可以做真实的你自己，无论出现什么想法和感受都无可厚非，都是该被认可的存在方式。

在我们谈论"认可"（validation）这个超级技能之前，让我们回顾一下"不认可"（invalidation）的概念，因为我们发现它是大多数心理疾病和心理痛苦的根源。不认可有两种类型：一种是环境不认可，一种是你自己的自我不认可。

不认可的环境是指你所处的环境会驳斥、贬低或惩罚私人体验和个人经历的表达。换句话说，你的感受和想法不被认可，它们被否定了。痛苦的情绪体验以及导致情绪痛苦的因素都被忽视了。不认可本质上是对情绪、想法和行为的否定或驳回，而不管它们是否合理。这可能导致第二种形式的不认可，即你的自我不认可。你会想："如果世界在告诉我，我的体验是错误的，如果人们在惩罚或无视我的感受，那么我的想法和感受一定就是不对的。"

我也可以不内耗

不认可有4个主要特征：

1.它告诉你，你对自己体验的描述和评估都是错误的，特别是关于什么导致了你的情绪、信念和行为的那些。举个例子，你可能因为搬家远离了一个朋友而感到悲伤，而你的父母告诉你：她不是一个多么好的朋友，人们经常搬家，你应该克服它。

2.它将你的体验归因于你本身性格中不被社会接受的特征。比如"如果你不这么敏感，就不会难过这么久了"，或者"你要做的就是积极起来，这就是你的问题所在"。这种情况的另一个版本是，当你的行为无意间给你生活中的其他人带来负面后果时，它会把这些行为归因于故意的敌意或你的有意操纵，比如"你只是为了引起注意才表现得这么悲伤"，或者"你装成抑郁，花了那么长时间准备，现在我们迟到了"。

3.它告诉你情绪问题很容易解决，比如"不要因为离开你的朋友而这么悲伤"，或者"每当我难过的时候，我只要去散步就能把它排解掉"。

4.它奖励你环境中能够控制情绪的其他人，比如"你哥哥多棒啊！他知道怎么控制自己"。

要点是，不认可是令人受伤的。克服它的方法是练习认可的技能，最终实现自我认可。

不同的体验方式具有同样的合理性

认可是DBT中的一个关键概念，意味着认识到另一个人所说的话、他的感受或他的行为方式中合理的方面。认可之所以重要，是因为：

• 它表明你在倾听并试图理解对方的观点。

- 它表明你在用关心和同情接纳对方，因此它还能改善人际关系。
- 它绕过了谁对谁错的争论，从而减少了防御和愤怒。
- 它缓和了高强度的情绪（因为当我们感觉被倾听时，我们的情绪往往会更稳定），这反过来也会使问题更有效地被解决。

人们第一次听说DBT中的认可概念时，可能会担心这需要你同意或支持别人做的任何事情。事实并非如此。它只是意味着你理解另一个人的出发点，在他们的观点中找到哪怕很小的真实之处。本书的作者之一布莱斯是一个严格的素食主义者——他把不伤害其他有知觉的生命作为自己的价值观。他不愿意吃肉，但是他所有的家人在吃肉上都很随意。他可以接受他们喜欢吃肉，同时自己不必去吃，也不会偏离自己的价值观体系。另一位作者乔恩在一个养牛场长大，他非常喜欢按各种食谱烹饪牛肉，也喜欢分享这些食谱。对他来说，烹饪是一种正念意识的练习，因为他要体会到体验中的所有视觉信息、气味和味道。他家里有一半的人是素食者。他可以接受他们对吃肉没有兴趣，并理解他们的原因，同时他自己也继续享受肉食。

认可不是对不同观点的同意或支持；相反，认可是意识到，别人在用自己的方式体验现实，他们的体验同样具有合理性。认可的一个重要方面是我们只认可成立的东西。在考试成绩出来之前就要求某人认可你考试失败了，这不是认可，如果对方顺从了，他们就是在认可无效的东西。

什么东西是成立的？

- 情绪永远是成立的。这并不意味着它们总是正当的（justified），产生情绪的原因不一定站得住脚，但情绪本身在出现时是成立的。换句话说，在任何一个时刻，无论你体验到什么情绪，它们就该是那样——它们是你的现实。想想当你悲伤或烦躁时，有人告诉你，你并没有那种感受，或你不应该那样感受，那会是什么感觉？这样的说法有帮助吗？别人不需要同意你或认为你的感受是正当的，但这确实就是你的感受。

- 事实是成立的。事实包含情况的事实，一个人体验的事实，或者他们信仰体系的事实。例如，对于与你信仰不同的朋友，你可以认可他们信仰的事实，而不必相信他们所相信的。人们以他们自己的方式出现在这个世界上，那就是他们体验的现实，哪怕你可能认为，他们以别的方式出现会更好。

○ 为什么认可有时这么难

如果你以前从未进行过认可，那可能很难一下子就做到。许多人担心，在别人不开心时，认可他们会强化他们的不开心。事实恰恰相反。**认识到某人的不开心，实际上有助于他们平静下来。**人们不喜欢不开心，当你让他们知道你理解他们时，这有助于他们安定下来。

另外，告诉某人他没有感受到他自己正在感受的东西，很可能让他更加不开心。当你关心的人不开心时，你应该表达认可，但要用一种可控和规范的方式——你可以表达你理解他们在受苦，同时自己不会变得不堪重负。

自我认可的步骤

我们已经谈了一些关于认可他人的内容，但认可自己是怎样的呢？对某些人来说，认可自己甚至更难做到，特别是如果他们觉得自己不配得到认可时。别人认可你的体验，这很好；但如果你能学会认可自己，那会是更有力的认可。

自我认可是一项独特的技能，它关注的是接纳自己正在体验的想法和情绪，把它们视为合理的——合法的、真实的、可信。这里要记住的重要一点是，如果你是一个难以调节情绪的人，你可能倾向于拒绝自己的纠结、挣扎，或者因为强烈的情绪而评判自己。如果你难以控制你的情绪，你就会难以接纳它们。

自我认可意味着，当你因为发生在你身上的事情感到悲伤或生气时，你不会自动告诉自己："我不应该有这样的感觉，我把情况夸大了。"自我认可意味着，你知道你过去的经历和现在的处境是真实的，它们是你感受到现在这些感受的部分原因。同样，如果你在与侵入性想法作斗争，告诉自己你不应该有这些想法根本行不通。自我认可的做法是，认识到你是一个会被扰人心烦的想法困扰的人，并承认这是它正在发生的时刻之一。

○ 如何进行自我认可

你可以从使用正念开始，意识到你现在的感受和在你头脑中跳动的想法。不要与它们争论或试图弄明白它们，只要注意到它们。在任何时候，你都可以注意到你的身体感觉如何，并识别出你正在体验的情绪。

当你想寻求认可，而不是否认你正在体验到的东西时，你可以遵循这个过程：

步骤1：承认（acknowledge）。简单地注意并命名你此刻正在体验的情绪，不要评判它。如果你感到悲伤，不要对自己说"我总是很悲伤，不知道如何应对悲伤"，只需陈述事实："我现在感到悲伤。"如果扰你心

我也可以不内耗

烦的想法是体验的一部分，同样不要评判，而是也要承认这一点："我正在有一个关于……的想法。"

步骤2：接纳（accept）。允许自己体验自己的情绪，要知道，你是可以有这种情绪的。你被允许感受你所感受的一切——它就是你现在的感受，即使其他人和你的感受不一样。对自己说这样的话：

- 这就是我现在的感受。
- 我是可以这样感受的。
- 我只是有这样的感觉，并不意味着我一定会因此有破坏性的行为。
- 我知道这早晚会过去，但现在，这就是我的感受。
- 我以前体验过强烈的情绪。我不喜欢我的感受，但它不会伤害我。
- 我以前有过这个想法，没有什么是需要我现在弄明白的。
- 所有想法都来了又去，现在，这就是我所意识到的想法。

步骤3：情境化（contextualize）。不是每个人都会停下来尝试理解自己为什么会这样感受。所以花点时间反思，在你人生的整体背景下，你是如何走到这一步的，包括承认导致你走到当前这一步的过去事件。再次强调，不要评判，只要考虑创造了你现在所处情况的客观事实。不认可会让你说："我没有权利为发生的事情感到悲伤，因为是我自己的愚蠢才让我陷入这种情况。"或者"暴露不应该这么难——我永远克服不了这个恐惧。"这些不是事实，这些只是判断。认可会让你说："我感到悲伤是可以理解的。我约一个人约会，他却没有出现。我倾向于认为人们会拒绝我，所以我这样感觉并不奇怪。"或者"我被触发了，没什么大不了的。我已经与这种想法斗争了一段时间，今天我感到疲倦，所以它很让人不安。"

现在轮到你练习这些步骤了。

步骤1：承认。此刻，我感觉_____。

步骤2：接纳。这感觉_____，现在，它就是这样。

步骤3：情境化。我感到_____是因为我_____。我不会因此而评判自己，因为_____。我不需要评判自己，这会让生活变得比现在更困难；相反，我可以_____。

一旦你能对自己的情绪进行自我认可，使其变得更加可控，你就可以将这一方法应用于更强烈的情绪。在准备时，想一想过去某个让你体验到压倒性情绪的事件，然后考虑如何将这3个步骤应用于那个困难的情况。

这本书已经快到尾声了，在此提出这一点是有充分理由的。这是一本自助工作手册，也就是说，作为读者的你是来学习如何帮助自己的。如果你以"我不应该有它们"的态度来处理扰你心烦的想法和困难的情绪，那么你就不太可能在自己最需要的时候挺身而出。**你的人生体验是成立的。**无论你有什么诊断、人格特质或历史，你的人生体验都是成立的。

改变我们对挑战性想法和感受的应对方式需要巨大的勇气，它可能会让你身心都感到孤独。所以，将自己视为值得为之奋斗的人——一个尽己所能做到最好的人、一个有能力学习和成长的人，这是本书中最有价值的技能。

第15章　一站式回顾

在本书的第一部分，我们梳理了人们是用哪些工具来处理扰人心烦的想法和具有挑战性的情绪的。每个工具没法对每个人都有效，当然也不是对每种情况都有效，但这里我们想为你提供一个简单的资源，说明什么工具与什么工具一般能配合得很好。就像一顿饭的食谱一样，某些配料会与其他配料相辅相成以获得想要的效果，所以这里我们汇编了幸福的配料。

CBT和ERP工具

这些策略已经在第3章中呈现了，附有相关的工作表和练习。

工具	功能
识别认知扭曲	如果你能命名你的思维方式（如灾难化），这会有助于你脱离这个思维过程，从而不再让那些扰人心烦的想法和冲动扰乱你的心情。当你理解导致想法的认知扭曲时，你可以更少地与它们融合，而更正念地回应它们
虚假项目vs.真实项目	在处理扰人心烦的想法和相关情绪时，我们遇到的许多困难都来自试图对过去或未来做出确定的判断，而不是解决实际正摆在我们面前的挑战。通过写下触发你的因素以及你的回应所反映的思维方式，你也可以找到一个更客观和平衡的观点
实景ERP	扰人心烦的侵入性想法有许多形式，在大多数情况下，我们都可以用实景ERP直接面对它们。你可以先写出代表每个暴露挑战级别的分层结构，然后确定你接下来将如何直接接触扰人心烦的想法。如果这些想法是关于污染的，接下来可能会是在不洗手的情况下触摸触发性物体；如果这些想法关乎不希望发生的伤害行为，那么实景ERP可能意味着让自己靠近触发性物体，同时不采取安全行为

工具	功能
想象ERP	如果你的想法不适合实景暴露，或者恐惧更多地表现为一个故事而不是一个简单的想法（例如，一个关于生病并成为所爱之人负担的故事），那么写出一个暴露叙述可能会有帮助。你可以参考第3章中的提示来更有效地做到这一点。你写出的"脚本"可以包括重复暴露，以帮你努力克服扰人心烦的想法
内感受ERP	对于与身体感觉相关的想法，影响你生理状态的暴露可能会有用。例如，如果你害怕在别人面前脸红，你可以在社交互动之前原地跑步来进行暴露；或者，如果你害怕恐慌发作，你可以练习在椅子上旋转以产生眩晕感来练习应对它。注意，这个工具作为一种暴露技术，目的是故意产生自己不想要的身体感觉，这和帮助你放松或减少不想要的感觉的工具是截然不同的
触发因素/痛苦/反应日志	在面对扰人心烦的想法时，识别和抵制强迫行为是一项你需要掌握的关键技能。这个记录可以帮助你追踪出现的扰人心烦的想法，识别它们造成的痛苦，并澄清你当下的回应方式。这个工具非常有用，可以帮你准确识别并消除可能让你陷入困境的强迫行为
分层建构器	如果你不确定从哪里开始暴露，你可以使用这个工具把各种暴露组织起来，从最容易到最困难排列

DBT工具和技能

这些策略已经在第4章中呈现了，附有相关的工作表和练习。

工具	功能
正念技能集	我们中的许多人都生活在自动驾驶状态，做事依赖于习惯性。对于生活中的许多任务来说，这是非常有帮助的，但当你因为强烈的情绪而受苦时，这种方式就不合适了。正念帮助你确定你是在情绪心智（依赖情绪行事）、理性心智（不关注情绪）还是智慧心智（整合情绪和事实）中行动。观察当下、全身心投入其中、不带评判地去做，并且只专注于当下情境所需的具体技能，对于与你的长期目标保持一致地行动至关重要

工具	功能
人际效能技能集	因为强烈的情绪可能以多种方式对你的生活产生负面影响，这组技能有三个主要目标： • 达到你的目标：当你想要的东西合情合理时，清晰准确地提出要求更有可能实现目标； • 维持健康关系：当强烈的情绪让你与你关心的人发生冲突时，人际效能技能可以修复关系，还可以让关系维持得更牢固； • 维护你的自尊：如果你很难对他人说"不"，并倾向于在关系中变成出气筒，建立自尊能让你设定界限并坚持你的价值观
痛苦耐受技能集	如果你处于痛苦中又没有立即可用的解决方案，那这些技能最有帮助。当你要做出无效的行为时，STOP 技能是帮你明智地继续下去的有效方法。你也可以使用 TIPP 技能来改变身体的生理反应或减轻其强度。STOP 和 TIPP 是两个最有力的痛苦耐受技能，但还有其他的，像分散注意力、使用想象力和练习放松技巧。重要提示：当使用痛苦耐受技能时，你要确保你不是在用它们来避免使用 ERP 技能，因为 ERP 技能是处理侵入性想法、扰人心烦的想法所必需的，避免使用它们可能会导致扰人心烦的想法持续存在
全然接纳	这个技能属于痛苦耐受技能集，但它值得被单独提出来，因为它对那些希望现实有所不同的人起着至关重要的作用。这个技能关乎学习如何停止与现实做对抗，如何在事情不按你想要的方式发展时停止冲动或破坏性的行为，以及如何放下使你保持痛苦状态的事情。这个技能并不否认过去的事件；相反，它接受它们已经发生了的事实，而且在当下你无法回到它们发生的时刻。即使你感到不舒服，即使你感觉生活不公平，接受事物过去和现在本来的样子，都能让你从花费大量精力与现实作斗争中解脱出来，成为自己体验的主人，而不是相反——变成体验的奴隶。全然接纳还包括意识到对抗现实并不能改变现实
情绪调节技能集	强烈的情绪可能导致一系列的无益行为，这些行为可能对你产生不利影响，并破坏你的人际关系。DBT 的情绪调节技能教你识别你的情绪，理解它们的功能以及通常伴随它们而来的行为冲动。这些技能针对睡眠质量、缺乏运动、药物使用和不平衡的饮食等脆弱性因素对情绪的影响。这组技能中"相反的行动"工具教你以那些与使你处于消极情绪状态中的行为相反的方式行动

工具	功能
预先应对	这个技能属于情绪调节技能集，但它也值得单独提出来，因为你现在就可以使用它！当你担心某个未来事件会取得糟糕的结果时，就可以使用这个技能。你想象糟糕的结果确实发生了，然后排练你会怎么处理它。如果你为一个不想要的结果做了计划，而它实际上并没有发生，那么就万事大吉了。但如果它确实发生了，至少你可以启动你的计划，来更好地应对这种情况

最后的收获

你已经学到了很多词汇和概念。我们希望我们已经清楚地表明，扰人心烦的想法和激烈的情绪是人类体验的一部分，它不意味着个人缺陷，也不是精神疾病所独有的。我们也希望你现在认识到，当你被想法和情绪困扰时，有许多工具和工具组合可以帮助你。最后，我们希望你记住，你作为自己的体验此时此刻就是确凿成立的，即使你仍然需要加强你的技能组合，即使你的想法和情绪击倒了你，你也值得被爱和尊重。你很重要。